Die angegebenen als unverbindl. anzusehenden Preise sind Grundpreise. Die Ladenpreise ergeben sich für den allgemeinen Verlag aus halbiertem Grundpreis × Schlüsselzahl des Börsenvereins (März 1923: 2000), für Schulbücher (mit * bezeichnet) aus vollem Grundpreis × besondere Schlüsselzahl (z. Zt. 600).

Mathematisch=Physikalische Bibliothek

Gemeinverständliche Darstellungen aus der Mathematik u. Physik. Unter Mitwirkung von Fachgenossen hrsg. von

Dr. W. Lietzmann und **Dr. A. Witting**
Oberstud.-Dir.d.Oberrealschule zu Göttingen   Oberstudienrat, Gymnasialpr. i. Dresden

Fast alle Bändchen enthalten zahlreiche Figuren. kl. 8. Kart. je M. 1.40

Die Sammlung, die in einzeln käuflichen Bändchen in zwangloser Folge herausgegeben wird, bezweckt, allen denen, die Interesse an den mathematisch-physikalischen Wissenschaften haben, es in angenehmer Form zu ermöglichen, sich über das gemeinhin in den Schulen Gebotene hinaus zu belehren. Die Bändchen geben also teils eine Vertiefung solcher elementarer Probleme, die allgemeinere kulturelle Bedeutung oder besonderes wissenschaftliches Gewicht haben, teils sollen sie Dinge behandeln, die den Leser, ohne zu große Anforderungen an seine Kenntnisse zu stellen, in neue Gebiete der Mathematik und Physik einführen.

Bisher sind erschienen (1912/23):

Der Begriff der Zahl in seiner logischen und historischen Entwicklung. Von H. Wieleitner. 2., durchgesehene Aufl. (Bd. 2.)
Ziffern und Ziffernsysteme. Von E. Löffler. 2., neubearb. Aufl. I: Die Zahlzeichen der alten Kulturvölker. (Bd. 1.) II: Die Z. im Mittelalter und in der Neuzeit. (Bd. 34.)
Die 7 Rechnungsarten mit allgemeinen Zahlen. Von H. Wieleitner. 2. Aufl. (Bd. 7.)
Abgekürzte Rechnung. V. A. Witting. (Bd. 47.)
Einführung in die Infinitesimalrechnung. Von A. Witting. 2. Aufl. I: Die Differential-, II: Die Integralrechnung. (Bd. 9 u. 41.)
Wahrscheinlichkeitsrechnung. V. O. Meißner. 2. Auflage. I: Grundlehren. (Bd. 4.) II: Anwendungen. (Bd. 33.)
Vom periodischen Dezimalbruch zur Zahlentheorie. Von A. Leman. (Bd. 19.)
Kreisevolventen und ganze algebraische Funktionen. Von H. Onnen. (Bd. 51.)
Der pythagoreische Lehrsatz mit einem Ausblick auf das Fermatsche Problem. Von W. Lietzmann. 2. Aufl. (Bd. 3.)
Methoden zur Lösung geometrischer Aufgaben. Von B. Kerst. (Bd. 26.)
Einführung in die Trigonometrie. Von A. Witting. (Bd. 43.)
Nichteuklidische Geometrie in der Kugelebene. Von W. Dieck. (Bd. 31.)
Der Goldene Schnitt. V.H.E. Timerding. (32.)
Ebene Geometrie. Von B. Kerst. (Bd. 10.)
Darstellende Geometrie d. Geländes u. verw. Anwend. d. Methode d. kotiert. Projektionen. Von R. Rothe. 2., verb. Aufl. (Bd. 35/36.)
Konstruktionen in begrenzter Ebene. Von P. Zühlke. (Bd. 11.)
Einführung in die projektive Geometrie. Von M. Zacharias. 2. Aufl. (Bd. 6.)
Funktionen, Schaubilder, Funktionstafeln. Von A. Witting. (Bd. 48.)
Einführung i. d. Nomographie. V. P. Luckey. I. Die Funktionsleiter (28.) II. Die Zeichnung als Rechenmaschine. (37.)
Theorie und Praxis des logarithm. Rechenschiebers. V. A. Rohrberg. 2. Aufl. (Bd. 23.)
Die Anfertigung mathemat. Modelle. (Für Schüler mittl. Kl.) Von K. Giebel. (Bd. 16.)
Karte und Kroki. Von H. Wolff. (Bd. 27.)
Die Grundlagen unserer Zeitrechnung. Von A. Baruch. (Bd. 29.)
Die mathemat. Grundlagen d. Variations- u. Vererbungslehre. Von P. Riebesell. (24)
Mathemat. Biologie. V. M. Schips. (Bd. 42.)
Beispiele zur Geschichte der Mathematik. Von A. Witting und M. Gebhard. (Bd. 15.)
Wie man einstens rechnete. Von Studienrat E. Fettweis. (Bd. 49.)
Mathematiker-Anekdoten. Von W. Ahrens. 2. Aufl. (Bd. 18.)
Die Quadratur d. Kreises. Von E. Beutel. 2. Aufl. (Bd. 12.)
Wo steckt der Fehler? Von W. Lietzmann und V. Trier. 3. Aufl. (Bd. 52.)
Trugschlüsse. Gesammelt von W. Lietzmann. 3. Aufl. des 1. Teiles von: Wo steckt der Fehler? (Bd. 53.)
Geheimnisse der Rechenkünstler. Von Ph. Maennchen. 2. Aufl. (Bd. 13.)
Riesen und Zwerge im Zahlenreiche. Von W. Lietzmann. 2. Aufl. (Bd. 25.)
Die mathematischen Grundlagen der Lebensversicherung. Von H. Schütze. (Bd. 46.)
Die Fallgesetze. Von H. E. Timerding. 2. Aufl. (Bd. 5.)
Atom- und Quantentheorie. Von P. Kirchberger. (Bd. 44/45.)
Ionentheorie. Von P. Bräuer. (Bd. 38.)
Das Relativitätsprinzip. Leichtfaßlich entwickelt von A. Angersbach. (Bd. 39.)
Dreht sich die Erde? Von W. Brunner. (17.)
Theorie der Planetenbewegung. Von P. Meth. 2., umg. Aufl. (Bd. 8.)
Beobachtung d. Himmels mit einfach. Instrumenten. Von Fr. Rusch. 2. Aufl. (Bd. 14.)
Mathem. Streifzüge durch die Geschichte der Astronomie. Von P. Kirchberger. (Bd. 40.)

In Vorbereitung: Herold, Zinseszins-, Renten- und Anleiherechnung. Wicke, Konforme Abbildungen. Winkelmann, Der Kreisel. Wolff, Feldmessen und Höhenmessen.

Verlag von B. G. Teubner in Leipzig und Berlin

/ MATHEMATISCH-PHYSIKALISCHE
BIBLIOTHEK
HERAUSGEGEBEN VON **W. LIETZMANN** UND **A. WITTING**
═══════ 51 ═══════

KREISEVOLVENTEN
UND
GANZE ALGEBRAISCHE
FUNKTIONEN

VON

DR. H. ONNEN SEN.
HAAG (HOLLAND)

MIT 15 FIGUREN IM TEXT

1923
Springer Fachmedien Wiesbaden GmbH

SCHUTZFORMEL FÜR DIE VEREINIGTEN STAATEN VON AMERIKA

© SPRINGER FACHMEDIEN WIESBADEN 1923
URSPRÜNGLICH ERSCHIENEN BEI B.G. TEUBNER IN LEIPZIG 1923

ISBN 978-3-663-15334-4   ISBN 978-3-663-15902-5 (eBook)
DOI 10.1007/978-3-663-15902-5

ALLE RECHTE,
EINSCHLIESSLICH DES ÜBERSETZUNGSRECHTS, VORBEHALTEN

VORWORT

Der Hauptzweck dieses Bändchens ist, das Studium der Theorie der *ganzen algebraischen Funktionen* mit reellen Koeffizienten dadurch zu erleichtern, daß ihre Eigenschaften an den sog. *Kreisevolventen* veranschaulicht werden.

Betrachtet man nämlich irgendeine der aufeinanderfolgenden Evolventen eines Kreises, so kann man ihren Krümmungsradius als Funktion des Winkels darstellen, um den er sich von einer bestimmten Anfangslage aus gedreht hat; diese Funktion ist aber genau eine ganze algebraische Funktion. Übrigens stellt die Beziehung zwischen dem Krümmungsradius und dem Drehungswinkel eine Art *natürlicher Gleichung*[1]) jener Kurve dar.

Eine eingehende Betrachtung der Kreisevolventen ist an und für sich schon in geometrischer Hinsicht lohnend. Nun sind aber ihre leicht in die Augen fallenden Eigenschaften die geometrischen Abspiegelungen von Eigenschaften der zugehörigen algebraischen Funktionen. Man kann sich also durch das Studium der Kreisevolventen in leicht verständlicher Weise mit den meisten Eigenschaften ganzer algebraischer Funktionen vertraut machen, ehe man sich den strengeren, häufig jedoch dürren, jedenfalls aber abstrakten Beweisführungen der rein algebraischen Theorie zuwendet.

Endlich kann man mit Hilfe der Kreisevolventen *unmittelbar* die Wurzeln einer numerischen Gleichung *beliebigen*

---

[1]) Eine eingehende Behandlung von Kurven in diesem Sinne findet man in *Ernesto Cesàro*, Vorlesungen über natürliche Geometrie, Deutsche Ausgabe von Dr. *Gerhard Kowalewski*, Leipzig, B. G. Teubner 1901.

Grades in ähnlicher Weise bestimmen, wie mittels der Kegelschnitte, der Konchoide, der Kissoide usw. eine direkte geometrische Auflösung von Gleichungen 2ten, 3ten und 4ten Grades und von einigen besonderen Formen höheren Grades möglich ist.

Die ursprüngliche Ausarbeitung dieses Werkes mußte, um den Rahmen eines Bändchens nicht zu überschreiten, sehr wesentlich gekürzt werden. Verfasser und Herausgeber hoffen, daß trotzdem der Zweck des Bändchens erreicht wird.

Haag, Herbst 1922.

H. Onnen.

INHALT

I. DIE KREISEVOLVENTEN

1. **Evolventen im allgemeinen** 7
   Entstehung von Evolventen durch Auf- und Abwickelung oder durch das Fortrollen einer Geraden über eine Kurve. Krümmungszentren und Krümmungsradien.

2. **Kreisevolventen. Rückkehrpunkte, Bogen und Spiralen** . 8
   Eine k^{te} Kreisevolvente kann aus k durch $k-1$ Bogen verbundenen Spitzen bestehen, während den beiden äußersten Spitzen endlose Spiralen entspringen. Schematische Abbildung von Kreisevolventen.

3. **Schleifen** 10
   Normale Evolventenformen. Schleifenbildung. Nullpunkte. Nullschleifen und lose oder freie Schleifen. Die Umformung eines Bogens in eine Schleife hat den Verlust von 2 Spitzen auch in allen folgenden Evolventen zur Folge. Entstehung von Spiralen um die Schleife herum.

4. **Mehrfache Nullpunkte** 12
   Hat E_k einen m-fachen Nullpunkt, so ist dieser Punkt ein $(m-1)$-facher Nullpunkt von E_{k-1} usw. und ein einfacher Nullpunkt von E_{k-m+1}. Ist $m=2p$ oder $=2p+1$, so sind p Spitzen mit Nullschleifen da und in jeder folgenden Evolvente fehlen p Paare von Nullpunkten. Wahre Gestalt eines mehrfachen Nullpunktes. Äußere und innere mehrfache Nullpunkte.

5. **Tangentenlinie. Drehung der Tangentenlinie. Zeichenwechsel und Zeichenfolgen** 15
   Aus $\varDelta \varrho_1 = \varrho_0 \varDelta w$ folgt, daß ϱ_1 und ϱ_0 in der Ecke eine Zeichenfolge oder einen Zeichenwechsel zeigen, je nachdem der Übergang von ϱ_0 auf ϱ_1 eine linke oder eine rechte Drehung erfordert, oder je nachdem ϱ_0 bei Drehung nach rechts sich verlängert oder sich verkürzt. Diese Regel gilt für je zwei aufeinanderfolgende Krümmungsradien.

6. **Die wandernde Tangentenlinie** 18
   Die von den linken Spiralen von n Evolventen nach den rechten Spiralen wandernde Tangentenl nie verliert in jeder äußeren Spitze einen Zeichenwechsel und in jeder Spitze mit Schleife zwei.

7. **Die Anzahl der Zeichenwechsel und der Zeichenfolgen einer Tangentenlinie im Zusammenhang mit den rechts und links liegenden äußeren Spitzen und Spitzen mit Schleifen** . . 20
   Wenn die Tangentenlinie vollständig ist oder nur durch einen äußeren Nullpunkt geht, entspricht jede rechts oder links liegende äußere Spitze einem Zeichenwechsel oder einer Zeichenfolge und jede rechts oder links liegende Spitze mit Schleife zwei Zeichenwechseln oder Zeichenfolgen. Geht die Tangentenlinie durch einen inneren Nullpunkt, so ist diese Regel für die Zeichenwechsel gültig, wenn ein uneigentlicher Zeichenwechsel immer mitgezählt wird.

II. KREISEVOLVENTEN UND GANZE ALGEBRAISCHE FUNKTIONEN

8. Der Krümmungsradius einer Kreisevolvente ist eine ganze algebraische Funktion des Drehungswinkels der Tangentenlinie 23

Die Gleichung einer n^{ten} Kreisevolvente ist
$$\varrho_n = \frac{r_0}{n!} w^n + \frac{r_1}{(n-1)!} w^{n-1} + \cdots + \frac{r_{n-2}}{2!} w^2 + \frac{r_{n-1}}{1} w + r_n.$$
Die Nullinie.

9. Jede ganze algebraische Funktion n^{ten} Grades in w stellt eine n^{te} Kreisevolvente vor. Die abgeleiteten Funktionen 25

Ein Kreis mit n Evolventen ist das geometrische Bild einer ganzen algebraischen Funktion mit ihren n Ableitungen. Der Maclaurinsche Lehrsatz.

10. Die Wurzelwerte einer Funktion n^{ten} Grades 26

Die einfachen und mehrfachen Nullpunkte einer E_n sind die Wurzelpunkte der reellen einfachen und mehrfachen Wurzeln der entsprechenden Gleichung. Geometrische Wurzelwerte und Wurzelpunkte komplexer Wurzeln. Primäre und sekundäre komplexe Wurzeln.

11. Einige Eigenschaften der Wurzeln einer Gleichung n^{ten} Grades 29

Lehrsätze bezüglich der Wurzeln einer Gleichung n^{ten} Grades, aus den geometrischen Eigenschaften der Kreisevolventen hergeleitet.

12. Die Zeichenwechsel und Zeichenfolgen der Glieder einer algebraischen Gleichung im Zusammenhang mit ihren positiven und negativen Wurzeln 32

Cartesischer Lehrsatz.

13. Die Zeichenwechsel und Zeichenfolgen der Werte einer algebraischen Funktion und ihrer Ableitungen für einen beliebigen Wert von w 33

Die Anzahl der Wurzeln zwischen u_1 und u_2 läßt sich aus den Zeichenwechseln der Werte der Funktion und ihrer Ableitungen für $w = u_1$ und $w = u_2$ bestimmen.

14. Änderung der Nullinie 36

Aufstellung der Gleichung in $(w-u)$. Beispiel.

15. Direkte Bestimmung der reellen Wurzeln von Gleichungen höherer Grades mittels der Kreisevolventen 39

Das Zeichnen der Nullinie. Das Zeichnen der Evolventen. Das Ausmessen eines Wurzelwertes. Die Newtonsche Annäherungsformel.

16. Mehrfache Wurzeln. Sturmsche Funktionen 43

Wenn eine Funktion und ihre Ableitung einen gemeinsamen Divisor haben, hat die Gleichung mehrfache Wurzeln. Haben dieselben keinen gemeinsamen Divisor, so kann man aus den Vorzeichen der ersten Glieder der aufeinander folgenden Reste auf die Anzahl der reellen Wurzeln schließen. Sturmsche Funktionen.

I. DIE KREISEVOLVENTEN

1. Evolventen im allgemeinen. Man denke sich ein Seil, dessen eines Ende an dem Stamme eines allein stehenden Baumes festgenagelt ist.

Hält jemand das Seil am andern Ende gespannt und wickelt es dann um den Baum, so bewegt er sich dabei in einer Spirale. Wickelt er das Seil wieder ab, so durchläuft er die Spirale in entgegengesetztem Sinne.

Man kann solch eine Spirale auf Papier zeichnen, wenn man eine Rolle Zwirn ab- oder aufwindet, indem man mit einer Hand die Rolle fest auf das Papier drückt und mit der andern Hand einen Bleistift, an dem das Ende des stets gespannten Fadens befestigt ist, auf dem Papiere fortbewegt. Die so erhaltene Spirale würde *geometrisch* als „die *Evolvente* der Peripherie der Rolle" zu bezeichnen sein, wenn der Faden undehnbar wäre und keine Dicke hätte und wenn die

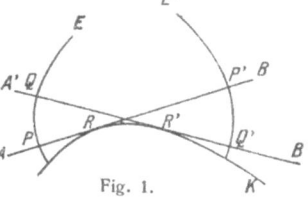

Fig. 1.

verschiedenen Windungen auf der Rolle nicht nebeneinander sondern alle in derselben Ebene gelegen wären. Denn in der Geometrie nennt man im allgemeinen *Evolventen* einer gegebenen Kurve K (Fig. 1) die von beliebigen Punkten P, P' einer Tangente AB beschriebenen Kurven E, E', wenn man die Tangente ohne Gleiten über die Kurve K fortrollen läßt.

Wenn die Tangente aus der Lage AB bis in die Lage $A'B'$ fortrollt, beschreibt der Punkt P den Kurventeil PQ, gerade wie wenn ein Faden PR um das Stück RR' von der Kurve K *ab*gewickelt wird. Der vom Punkte P' beschriebene Kurventeil $P'Q'$ wird erzeugt, wenn ein Faden $P'R$ um das Stück RR' auf die Kurve *auf*gewickelt wird.

Folgt man mit Aufmerksamkeit der Bewegung der Tangente, so wird man wohl der Vorstellung beistimmen können, daß sich die Gerade AB in jedem Momente um den Berührungspunkt R dreht, während sich dieser Punkt selbst längs der Geraden fortbewegt. Es ist, wie wenn der Punkt P oder P' einen Kreis beschriebe, dessen Radius PR oder $P'R$ sich allmählich verlängert oder verkürzt, je nachdem der beschreibende Punkt an der einen oder an der andern Seite des Berührungspunktes liegt.

Diese Anschauung macht es ohne weitere Auseinandersetzung erklärlich, daß man die Berührungspunkte R, R' die *Krümmungszentra* und die Strecken PR, QR' und $P'R$, $Q'R'$ die *Krümmungsradien* der Kurve E in den Punkten P, Q und der Kurve E' in den Punkten P', Q' nennt.

Es entspricht offenbar die *Verlängerung* des Krümmungsradius einer *Abwickelung*, die *Verkürzung* einer *Aufwickelung des Fadens*.

2. Kreisevolventen. Rückkehrpunkte, Bogen und Spiralen. In der Fig. 2 ist E_0 ein Kreis und E_1 dessen *erste Evolvente*.

Wenn die Gerade P_0P_1, die man sich unbegrenzt denken muß, immerfort über den Kreis E_0 rollt, sowohl nach rechts wie nach links, muß der Punkt P_1, der die Evolvente beschreiben soll, notwendig einmal auf der Peripherie ankommen, und dann entsteht bei fortgesetzter Bewegung ein sog. *Rückkehrpunkt*.

In der Spitze a des Rückkehrpunktes ist der Krümmungsradius $= 0$. Von da an wächst der Krümmungsradius nach beiden Seiten bis ins Unendliche, und wir können sagen, daß die erste Kreisevolvente aus *zwei endlosen Spiralen* besteht, die sich in der Spitze eines Rückkehrpunktes aneinander schließen.

Es sei P_1P_2 eine Tangente an E_1, also senkrecht zu P_0P_1. Wenn diese Tangente über E_1 fortrollt, beschreibt einer ihrer Punkte P_2 eine Evolvente von E_1, die wir eine *zweite Kreisevolvente* E_2 nennen. Bei Drehung nach links verkürzt sich der Krümmungsradius P_1P_2 und wenn P_2 auf der Kurve E_1 anlangt, wird wieder ein Rückkehrpunkt gebildet. Setzt die Tangente, die man sich natürlich wieder als unbegrenzt vorzustellen hat, ihre rollende Bewegung weiter fort, so verlängert sich anfangs der Krümmungsradius wieder, erreicht aber einen Maximalwert, wenn die Tangente durch die Spitze a des Rückkehrpunktes von E_1 geht — in welcher Lage sie

Kuspidaltangente genannt wird —, und verkürzt sich dann wieder, bis ein zweiter Rückkehrpunkt gebildet wird. Die Spitzen der beiden Rückkehrpunkte sind durch einen *Bogen* verbunden und geben je eine endlose Spirale ab.

Der Leser wird jetzt unschwer einsehen, wie die *dritte Kreisevolvente* E_3 der Fig. 2 außer den beiden endlosen *Spiralen* drei *Spitzen* mit zwei *Bogen* und die *vierte Kreisevolvente* E_4 vier *Spitzen* mit drei *Bogen* bekommt, wenn die Gerade P_2P_3 über E_2 und die Gerade P_3P_4 über E_3 fortrollt.

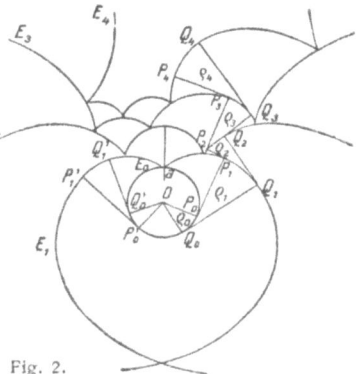

Fig. 2.

Geht man auf diese Weise weiter, so kann man sich im allgemeinen eine k^{te} Evolvente E_k denken mit k *Spitzen*, die durch $k-1$ *Bogen* verbunden sind, während den beiden äußersten Spitzen *endlose Spiralen* entspringen.

Anstatt der Abbildung wirklicher Kreisevolventen, wie die Fig. 2, empfiehlt es sich oft, die Verkettung der Bogen in einer Reihe von Kreisevolventen *schematisch* darzustellen, wie die Fig. 3 zeigt. Hier sind der Kreis und die beiden Spiralen jeder Evolvente zu geraden Linien ausgebogen, so daß die Bogen mit ihren Endpunkten, den Spitzen, sich in geraden Reihen aneinanderschließen.

Solche schematischen Figuren sind besonders geeignet, um bei allgemeinen Betrachtungen der Vorstellung zu Hilfe zu kommen, zumal wenn dabei eine größere Anzahl von Evolventen in Betracht kommt. Von richtigen Größenverhältnissen kann

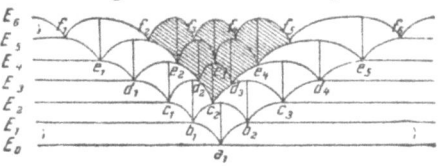

Fig. 3.

in solchen Figuren selbstverständlich nicht die Rede sein. Hauptsache ist, daß in jeder Evolvente die Kurventeile deutlich zu erkennen sind, wo der Krümmungsradius stetig wächst, und diejenigen, wo er stetig abnimmt, wenn sich die rollende Tangente stets in derselben Richtung — etwa von links nach rechts — bewegt. Die Grenzen dieser Kurventeile werden durch die Kuspidaltangenten bestimmt.

Eine E_k kann offenbar nicht *mehr* als k Spitzen und $k-1$ Bogen haben. Daß jedoch diese Anzahl geringer sein kann, wird sich im folgenden Paragraphen zeigen, indem wir beispielsweise die in Fig. 3 schraffierten Bogen einer Umformung unterziehen werden.

3. Schleifen. In Fig. 2 sind die Punkte, die die Kreisevolventen beschreiben, so gewählt, daß jede neue Evolvente alle Spitzen der vorhergehenden Evolvente mit Bogen sozusagen *überwölbt*. Solche aus Bogen und Spitzen zusammengesetzten Kurventeile betrachten wir als die *normalen Evolventenformen*.

Bei der Ab- und Aufwickelung eines Rückkehrpunktes können aber auch andere Formen entstehen. Wenn wir nämlich eine Tangente über die beiden Zweige eines solchen Punktes einer beliebigen Kreisevolvente, etwa E_3 (Fig. 4), fortrollen lassen, haben wir drei Fälle zu unterscheiden, je nach der Stelle, welche der beschreibende Punkt in der Kuspidaltangente AB einnimmt.

a) Der beschreibende Punkt befindet sich zwischen den beiden Zweigen des Rückkehrpunktes, in der Figur P_1 oder P'_1. Die neue Evolvente E_4 bzw. E'_4 bekommt einen Bogen mit einem *Maximalscheitel* gegenüber der Spitze, weil ja die Länge des Krümmungsradius in diesem Scheitel immer einen Maximalwert hat. Der Bogen wird um so kleiner, je mehr sich der beschreibende Punkt der Spitze nähert.

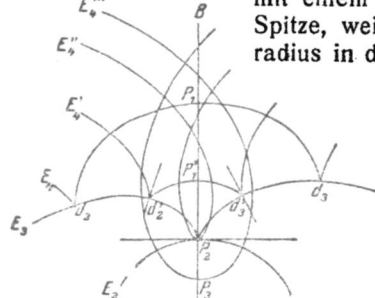

Fig. 4.

b) Kommt der beschreibende Punkt gerade in die Spitze P_2, so wird kein Bogen gebildet, sondern eine Art *Schleife*, worin der Krümmungsradius von Null an nach beiden Seiten hin wächst. Aus der Figur ergibt sich, wie beim Verschwinden des Bogens die zwei übrig bleibenden Hälften der beiden Rückkehrpunkte von E'_4 in P_2 aneinander schließen: die beiden Kuspidaltangenten kommen dann in eine gerade Linie rechtwinklig auf die Kuspidaltangente in P_2 zu liegen und werden die Tangente im *Scheitel* der Schleife.

c) Nimmt man den beschreibenden Punkt in der Kuspidaltangente jenseits der Spitze, etwa in P_3, an, so bleibt die Schleifenform bestehen, aber der *Minimalwert* des Krümmungsradius ist dann nicht Null, sondern entspricht einer bestimmten Länge $P_2 P_3$.

Eine Schleife hat also immer einen *Minimalscheitel*, sei es *in* oder *gegenüber* der Spitze.

Nennen wir im allgemeinen jeden Punkt einer Evolvente, wo der Krümmungsradius Null ist, einen *Nullpunkt*, so gilt

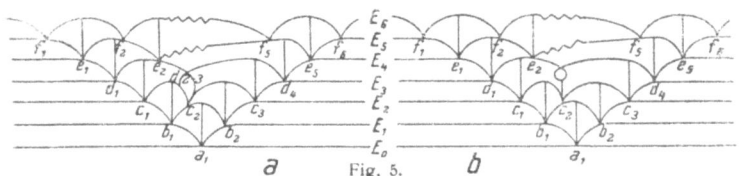
Fig. 5.

diese Benennung zunächst den Spitzen aller Rückkehrpunkte und jetzt auch den Scheiteln jener Schleifen, die *durch* eine Spitze gehen und die wir deshalb *Nullschleifen* nennen, im Gegensatz zu den Schleifen, die die Spitze sozusagen *umschlingen* und *freie* oder *lose* Schleifen heißen sollen.

In unsern schematischen Abbildungen deuten wir die Anwesenheit einer Schleife durch eine kleine Schleife gegenüber der Spitze an wie in Fig. 5a, wo in E_4 anstatt des Bogens $d_2 e_3 d_3$ in Fig. 3 eine Nullschleife gebildet ist, und in Fig. 5b, wo diese Schleife sich gelöst hat.

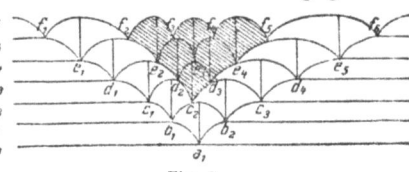
Fig. 3.

Es würde gewiß in besserer Übereinstimmung mit der Wirklichkeit sein, wenn man auch in den schematischen Figuren die losen Schleifen um die Spitzen herum gehen ließe. Wir ziehen jedoch die Darstellungsweise in Fig. 5b vor, weil dabei die einzelnen Evolventen völlig getrennt bleiben.

Gleichwie die Verbindungslinie zwischen dem Scheitel eines Bogens und der entsprechenden Spitze einen *Maximalwert* des Krümmungsradius vorstellt, so bedeutet die Verbindungslinie zwischen dem Scheitel einer losen Schleife und der Spitze einen *Minimalwert* des Krümmungsradius (Fig. 5 b). Ist dieser gleich Null, wie in Fig. 5 a, so ist die Schleife eine Nullschleife.

Vergleicht man die Figuren 5 a und b mit Fig. 3 (Seite 11), so erhellt zunächst, daß die *Umformung* des Bogens $d_2 d_3$ von E_4 in eine Schleife dieser Evolvente auf den Verlust der beiden Spitzen d_2 und d_3 herauskommt. Aber auch die folgenden Evolventen büßen dabei zwei Spitzen ein. Denn während in Fig. 3 die von d_1 bis d_4 längs E_4 rollende Tangente die *drei* Spitzen e_2, e_3 und e_4 erzeugte, kann in Fig. 5 a und b nur *eine* Spitze irgendwo zwischen d_1 und d_4 gebildet werden. Es kann ja überhaupt zwischen zwei aufeinanderfolgenden Spitzen einer Evolvente nur *eine* Spitze der folgenden Evolvente entstehen. Und anstatt der in E_5 verschwundenen Spitzen mit den dazwischen liegenden Bogen erscheint ein *spiralartiger* Kurventeil um die Schleife herum, mit stetig wachsendem oder stetig abnehmendem Krümmungsradius.

In Fig. 5a und b ist der Kurventeil, woraus diese Spirale erwächst, durch eine Zickzacklinie angedeutet. Der Krümmungsradius wächst hier in der Spirale von der übrig gebliebenen Spitze e_2 an bis in den Bogenscheitel gegenüber d_4. Den besonderen Fall, daß diese Spitze gerade im Scheitel der Schleife zu stehen kommt, werden wir im folgenden Paragraphen näher betrachten.

Es versteht sich, daß auch E_6 und alle folgenden Evolventen an dieser Stelle je eine Spirale bekommen und zwei Spitzen verlieren.

4. Mehrfache Nullpunkte. In Fig. 5 a haben sich zwei *einfache* Nullpunkte d_2 und d_3, die E_4 in Fig. 3 hatte, zu *einem* Nullpunkte im Scheitel einer Nullschleife vereinigt. Wir betrachten diesen Nullpunkt deshalb als einen *zweifachen Nullpunkt* und wir sagen aus dem Grunde auch, daß die Evolvente E_4 zwar zwei Spitzen, jedoch keinen Nullpunkt verloren hat. Dagegen verlieren E_5 und E_6 nicht nur die beiden Spitzen e_3 und e_4, bzw. f_3 und f_4, sondern zugleich auch zwei Nullpunkte, indem an der Stelle der verschwundenen Spitzen Spiralen entstanden sind. In Fig. 5 b hat auch E_4 zwei Nullpunkte verloren, weil die Schleife sich da *gelöst* hat.

Wir stellen uns jetzt vor, daß *drei einfache* Nullpunkte,

3. Spiralartige Kurventeile. — 4. Mehrfache Nullpunkte

z. B. die drei Spitzen e_2, e_3 und e_4, von E_5 in Fig. 3 zu einem *dreifachen Nullpunkte* verschmelzen. Es müssen dann die beiden Bogen $e_2 e_3$ und $e_3 e_4$ sich in einen Punkt zusammenziehen. Dies kann aber offenbar nicht stattfinden, wenn nicht zu gleicher Zeit der Bogen $d_2 d_3$ zusammenschrumpft. Achtet man dabei auf die Kuspidaltangenten in e_2 und e_4, so ergibt sich, daß die halben Rückkehrpunkte $e_2 f_2$ und $e_4 f_5$ sich zu *einem Rückkehrpunkt* ergänzen und nicht wie $d_2 e_2$ und $d_3 e_4$ zu einer Nullschleife. Die Spitze dieses Rückkehrpunktes kommt dann in den Scheitel der Nullschleife von E_4, also mitten in den spiralartigen Kurventeil zu stehen.

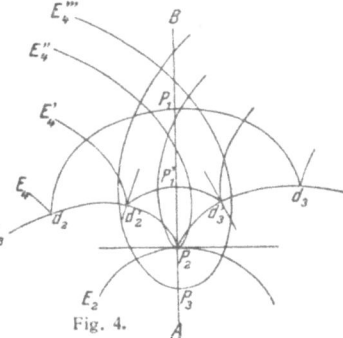

Fig. 4.

Zur näheren Erklärung dieses Vorganges empfiehlt es sich, in Fig. 4 eine Tangente über E'_4 rollen zu lassen und den beschreibenden Punkt so zu wählen, daß die beiden Spitzen d'_2 und d'_3 durch Bogen überwölbt werden. Wenn dann, während sich diese Bogen zugleich mit dem Bogen $d'_2 d'_3$ allmählich verringern, die mittlere Spitze dauernd auf dem Bogen $d'_2 d'_3$ stehen bleibt, wie klein dieser auch wird, dann sieht man, wie der dreifache Nullpunkt in E_5 zugleich mit dem zweifachen Nullpunkt in E_4 zustande kommt.

Es können nun weiter in Fig. 3 die vier einfachen Nullpunkte f_2, f_3, f_4 und f_5 von E_6 einen *vier-*

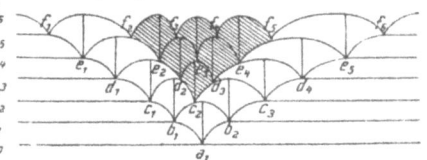

Fig. 3.

fachen Nullpunkt bilden, wobei dann die Hälften der Rückkehrpunkte in f_2 und f_5 wieder eine Nullschleife mitten in einem spiralartigen Kurventeil erzeugen usw. Und so bekommen die aufeinanderfolgenden Evolventen abwechselnd einen *geraden mehrfachen Nullpunkt* im Scheitel einer Nullschleife und einen *ungeraden mehrfachen Nullpunkt* in der Spitze eines Rückkehrpunktes. Es schrumpft dann die ganze, in Fig. 3 schraffierte Figur $f_2 e_2 d_2 c_2 d_3 e_4 f_5$ in einen einzigen Punkt zusammen.

Fig. 6a gibt eine schematische Darstellung der Evolventen von Fig. 3 nach der Vollziehung dieses Prozesses, während

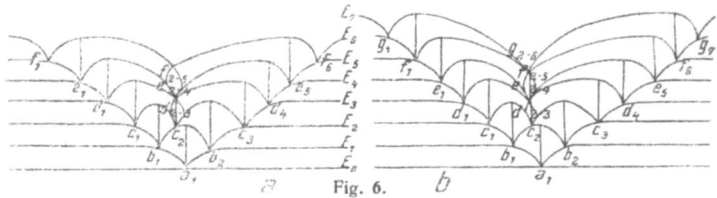

Fig. 6.

in Fig. 6b noch eine E_7 mit einem fünffachen Nullpunkt hinzugefügt ist.

Wir betonen hier nachdrücklich, daß die Nullpunkte c_2, d_{2-3}, e_{2-4}, f_{2-5}, g_{2-6}, die respektive in E_3, E_4, E_5, E_6, E_7 liegen, faktisch *in einen Punkt* zusammenfallen und nur

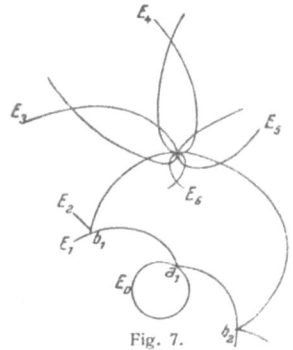

Fig. 7.

deutlichkeitshalber in den schematischen Abbildungen getrennt gehalten werden. Wie solche mehrfachen Nullpunkte in Wirklichkeit aussehen, zeigt Fig. 7, die die Evolventen von Fig. 6a in ihrer wahren Gestalt sehen läßt, und hier treten die Vorteile der schematischen Abbildungen deutlich hervor.

Aus dem Vorhergehenden schließen wir im allgemeinen, daß wenn eine Evolvente E_k einen m-fachen Nullpunkt hat, dieser Punkt ein $(m-1)$-facher Nullpunkt von E_{k-1}, ein $(m-2)$-facher Nullpunkt von E_{k-2} usw. und ein *einfacher* Nullpunkt von E_{k-m+1} ist.

Ist m gerade, $= 2p$ (Fig. 6a), so besteht der Nullpunkt aus p *Spitzen mit Nullschleifen*; ist $m = 2p + 1$ (Fig. 6b), so kommt noch eine *Endspitze ohne Nullschleife* hinzu.

Wenn die Bildung mehrfacher Nullpunkte sich bis zur letzten Evolvente erstreckt, entsteht ein äußerer *mehrfacher Nullpunkt*.

Hat eine Evolvente E_k einen mehrfachen Nullpunkt, wobei die folgenden Evolventen nicht beteiligt sind, so veranlaßt solch ein *innerer mehrfacher Nullpunkt* in E_{k+1} und in jeder folgenden Evolvente den Verlust von ebensovielen Paaren von Nullpunkten, wie die Anzahl der Spitzen mit Nullschleifen

4. Innere und äußere mehrfache Nullpunkte. — 5. Tangentenlinie

in dem Nullpunkte beträgt. Denn ist m gerade, $=2p$, so hat E_k, folglich auch jede folgende Evolvente, $2p$ Spitzen weniger wie im *normalen* Zustande. Während jedoch in E_k die verlorenen $2p$ einfachen Nullpunkte sich zu einem $2p$-fachen Nullpunkt vereinigt haben, sind für die folgenden Evolventen die $2p$ Nullpunkte schlechterdings verschwunden. Ist $m = 2p+1$, so haben sich in E_k $2p+1$ Spitzen in eine Spitze zusammengezogen. Die Anzahl der fehlenden Spitzen in E_k und folglich auch die Anzahl der verlorenen Nullpunkte in den folgenden Evolventen, ist also auch hier $2p$, d. h. für jede der p Nullschleifen ein Paar. In diesem Falle entsteht mitten in dem spiralartigen Teil der folgenden Evolvente ein Bogen oder eine freie Schleife, je nachdem die Endspitze von einem Bogen überwölbt oder von einer freien Schleife umschlungen wird.

Weil wir einen m-fachen Nullpunkt für m einfache Nullpunkte zählen, wird die Gesamtzahl der Nullpunkte in einer Evolvente durch die darin vorkommenden mehrfachen Nullpunkte nicht beeinflußt.

5. Tangentenlinie. Drehung der Tangentenlinie. Zeichenwechsel und Zeichenfolgen.

Wir bezeichnen den Krümmungsradius im allgemeinen durch ρ und unterscheiden die Krümmungsradien der aufeinanderfolgenden Evolventen durch einen Index, so daß ρ_k einen Krümmungsradius der k^{ten} Evolvente bedeutet. Den Kreisradius nennen wir ρ_0.

Wir kehren jetzt noch einmal zu der Fig. 2 zurück und nehmen an, die Anzahl der Evolventen sei n. Wir stellen uns dann vor, daß die Tangenten $P_0 P_1, P_1 P_2, P_2 P_3 \ldots P_{n-1} P_n$ zu gleicher Zeit über $E_0, E_1, E_2 \ldots E_{n-1}$ fortrollen, in solcher Weise, daß sie stets eine rechtwinklig gebrochene Linie bilden, die im Kreiszentrum O anfängt, wenn man den Kreisradius OP_0 hinzufügt. Solch eine Linie, wie $OP_0 P_1 P_2 \ldots P_{n-1} P_n$ oder $OQ_0 Q_1 Q_2 \ldots Q_{n-1} Q_n$ nennen wir eine *Tangentenlinie*. Sie

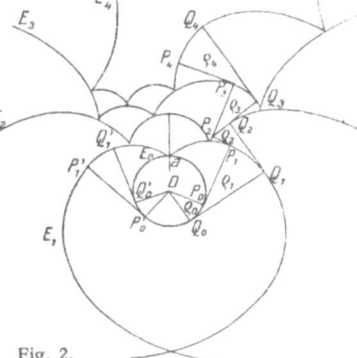

Fig. 2.

besteht im allgemeinen aus $n+1$ *Gliedern,* nämlich den Krümmungsradien $\rho_0, \rho_1, \rho_2 \ldots \rho_n$, die sich in den n *Ecken* $P_0, P_1, P_2 \ldots P_{n-1}$ bzw. $Q_0, Q_1, Q_2 \ldots Q_{n-1}$ aneinander schließen.

Es versteht sich, daß, wenn die Tangentenlinie aus der Lage $OP_0 \ldots P_n$ in die Lage $OQ_0 \ldots Q_n$ übergeht, jede Tangente sich um einen gleich großen Winkel drehen muß, nämlich den Winkel P_0OQ_0. Wir bezeichnen diesen Winkel, den wir einstweilen nur klein annehmen — immerhin so klein, daß sich in keiner Evolvente zwischen den Punkten P und Q eine Spitze befindet — durch Δw. Dieses Δw bedeutet eigentlich die Differenz zwischen den beiden Winkeln, um welche die Tangentenlinie, von einer gewissen Anfangslage oder *Nullinie* an, sich drehen muß, um in die Lagen $OP_0 \ldots P_n$ und $OQ_0 \ldots Q_n$ zu kommen. Und wir wollen gleich vereinbaren, daß Drehungswinkel von der Nullinie an nach *rechts,* d. h. im Sinne der Uhrzeiger, *positiv* und nach *links negativ* gerechnet werden.

Bequemlichkeitshalber werden wir stets die Drehungswinkel der Tangentenlinie durch ihre *Arkus* messen, d. h. durch die Längen ihrer Kreisbogen mit dem Radius 1. So würde dann Δw die Länge des Kreisbogens P_0Q_0 sein, wenn $OP_0 = 1$ wäre. Für $OP_0 = \rho_0$ ist demnach:

$$P_0Q_0 = \rho_0 \Delta w.$$

Bezeichnen wir die Differenz der beiden Krümmungsradien P_0P_1 und Q_0Q_1 mit $\Delta \rho_1$, so ist, weil diese Differenz dem Kreisbogen P_0Q_0 gleich ist:

$$\Delta \rho_1 = \rho_0 \Delta w.$$

Diese Formel kann uns zunächst einen wichtigen Lehrsatz bezüglich der positiven und negativen Zustände der Krümmungsradien kennen lehren.

Wir nehmen an, daß sich die Tangentenlinie im Sinne der Uhrzeiger dreht, daß also der Drehungswinkel w größer wird, folglich Δw positiv ist. Ist dann auch ρ_0 positiv, so wird ebenfalls $\Delta \rho_1 = Q_0Q_1 - P_0P_1$ positiv. Nun sieht man aber wohl, daß, *bei Rechtsdrehung* der Tangentenlinie, im *rechten* Zweige des Rückkehrpunktes der Krümmungsradius ρ_1 sich *verlängert,* im *linken* dagegen sich *verkürzt.* In Fig. 2 ist ja $Q_0Q_1 > P_0P_1$,

5. Positive und negative Krümmungsradien

jedoch $Q_0'Q_1' < P_0'P_1'$. Soll nun in beiden Fällen $\Delta \rho_1$ positiv sein, so muß ρ_1 im rechten Zweige positiv, im linken negativ genommen werden. Wäre ρ_0 negativ, so würde ρ_1 im rechten Zweige negativ und im linken positiv sein. In beiden Fällen hat also ρ_1 im *rechten* Zweige das *gleiche* Vorzeichen wie ρ_0, im *linken* das *entgegengesetzte*.

Geht man von einer Linksdrehung der Tangentenlinie aus, so ist das Ergebnis dasselbe. Und wir überzeugen uns leicht, daß die gefundene Regel nicht nur für ρ_0 und ρ_1, sondern für je zwei aufeinanderfolgende Krümmungsradien gilt. Nehmen wir z. B. die Krümmungsradien ρ_2 und ρ_3, wenn sie aus der Lage $P_1P_2P_3$ durch eine Drehung nach rechts um den Winkel Δw in die Lage $Q_1Q_2Q_3$ kommen. Es ist hier zwar nicht P_2Q_2 oder $\Delta \rho_3 = \rho_2 \Delta w$, denn der Radius ρ_2 des Bogens P_2Q_2 wächst von P_1P_2 bis Q_1Q_2, aber es ist ganz gewiß der Bogen P_2Q_2 größer als $P_1P_2 \Delta w$ und kleiner als $Q_1Q_2 \Delta w$, also, wegen $P_2Q_2 = \Delta \rho_3$:

$$P_1P_2 \Delta w < \Delta \rho_3 < Q_1Q_2 \Delta w.$$

Weil nun, infolge der Voraussetzung, es befinde sich zwischen P_2 und Q_2 keine Spitze, ρ_2 von P_1P_2 bis Q_1Q_2 dasselbe Vorzeichen behält, muß auch hier bei Rechtsdrehung $\Delta \rho_3$ dasselbe Vorzeichen wie ρ_2 haben. Und es ergibt sich wieder: ρ_2 und ρ_3 haben *gleiche* Vorzeichen, wenn ρ_3 sich *verlängert*, also im *rechten* Zweige, *entgegengesetzte* Vorzeichen im *linken* Zweige, wo ρ_3 sich *verkürzt*.

Wenn zwei aufeinanderfolgende Krümmungsradien einer Tangentenlinie *gleiche* Vorzeichen haben, spricht man von einer *Zeichenfolge*; sind die Vorzeichen *entgegengesetzt*, dann hat man einen *Zeichenwechsel*. Durchläuft man eine Tangentenlinie vom Kreiszentrum an, so begegnet man also an jeder Ecke entweder einer Zeichenfolge oder einem Zeichenwechsel und zwar einer *Zeichenfolge*, wenn man sich *linksum*, einem *Zeichenwechsel*, wenn man sich *rechtsum* drehen muß, um von einem Krümmungsradius zum folgenden überzugehen. Und man wird sofort einsehen, daß zwei beliebige Krümmungsradien einer Tangentenlinie *gleiche* oder *ungleiche* Vorzeichen haben, je nachdem die Anzahl der zwischenliegenden Zeichenwechsel *gerade* (einschl. 0) oder *ungerade* ist. Hierbei wird jedoch vorausgesetzt, daß die Tangentenlinie nicht irgendwo zwischen den beiden Krümmungsradien gerade durch einen Nullpunkt geht.

In den schematischen Abbildungen verliert die Tangentenlinie ihre rechtwinklig gebrochene Gestalt; häufig kann sie sogar als eine gerade Linie die schematischen Evolventen durchschneiden, und dann kann von rechter und linker Drehung in den Ecken nicht die Rede sein. Für die Anwendung in schematischen Zeichnungen empfiehlt sich deshalb diese Regel: ein Krümmungsradius führt in seinem Krümmungszentrum eine *Zeichenfolge* mit, wenn er sich *bei Bewegung nach rechts verlängert* und einen *Zeichenwechsel*, wenn er sich *verkürzt*.

6. Die wandernde Tangentenlinie. Wir denken uns einen Kreis E_0 mit n Evolventen E_1, E_2 ... E_n und eine Tangentenlinie, deren n Ecken auf dem Kreise und den *linken Spiralen* aller Evolventen liegen. Durchläuft man diese Tangentenlinie vom Kreiszentrum an, so muß man sich an jeder Ecke *rechtsum* drehen: jede Ecke zeigt also einen *Zeichenwechsel*. Dies ergibt sich auch daraus, daß jeder Krümmungsradius dieser Tangentenlinie sich nach rechts hin verkürzt, und wir bemerken hierbei, daß in solch einer Tangentenlinie ein Krümmungsradius *dasselbe* oder das *entgegengesetzte* Vorzeichen von ρ_0 hat, je nachdem sein Index *gerade* oder *ungerade* ist.

Denkt man sich ebenso eine Tangentenlinie, deren Ecken alle auf den *rechten Spiralen* liegen, so haben alle diese Ecken *Zeichenfolgen*. Die Krümmungsradien einer solchen Tangentenlinie haben nämlich alle dasselbe Vorzeichen wie ρ_0.

Lassen wir nun eine Tangentenlinie von der ersten Lage an, durch Drehung um das Kreiszentrum, den ganzen Komplex von Bogen und Schleifen und Spitzen durchwandern, bis sie in die zweite Lage gekommen ist, so müssen alle Zeichenwechsel nach und nach in Zeichenfolgen übergehen. Wir wollen untersuchen, wo und wie diese Verwandlungen zustande kommen.

Die Verwandlung eines Zeichenwechsels in eine Zeichenfolge — oder umgekehrt — kann nur dann stattfinden, wenn einer von zwei in einer Ecke zusammenkommenden Krümmungsradien sein Vorzeichen ändert, also wenn die Ecke eine Spitze passiert. Wir haben dann auch schon gesehen, daß der Krümmungsradius des linken Zweiges eines Rückkehrpunktes in seinem Zentrum immer einen Zeichenwechsel, der des rechten Zweiges immer eine Zeichenfolge mitführt. In Fig. 8 ist dieser Übergang noch einmal dargestellt, und darin ist, gleichwie in den folgenden Figuren, der Zeichenwechsel durch einen schwarzen Punkt, die Zeichenfolge durch einen kleinen Kreis markiert, während obendrein die negativen Kurventeile, d. h. diejenigen

Fig. 8.

Kurventeile, deren Krümmungsradien negativ sind, sowie auch die negativen Krümmungsradien selber, gestrichelt sind. Die beiden Evolventen mögen beispielsweise E_5 und E_6 sein. Es ändert dann ϱ_6 sein Vorzeichen.

Ist nun E_6 die letzte Evolvente, also die Spitze eine *äußere Spitze,* so geschieht weiter nichts und die Tangentenlinie hat rechts einen Zeichenwechsel weniger und eine Zeichenfolge mehr wie links. Wenn aber noch eine E_7 folgt, findet auch in der Ecke, die dann längs E_6 fortschreitet, eine Änderung statt und dabei ist zu unterscheiden, ob der Rückkehrpunkt einen Bogen oder eine Schleife auslöst. Fig. 9 erläutert den ersten Fall und

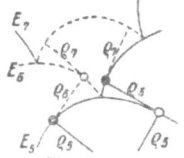

Fig. 9.

es ergibt sich sofort, daß sich hier längs E_6 eine Zeichenfolge der Spitze nähert und in einen Zeichenwechsel übergeht, so daß beim Passieren einer *Spitze mit Bogen* die Anzahl der Zeichenwechsel und der Zeichenfolgen in der Tangentenlinie keine Änderung erleidet. Die beiden Verwandlungen heben sich sozusagen auf. Der Vorgang kann auch derart aufgefaßt werden, daß der Zeichenwechsel und die Zeichenfolge beide ungeändert durch die Spitze hindurch gehen; daß jedoch der Zeichenwechsel auf der folgenden, die Zeichenfolge auf der vorhergehenden Evolvente weiterschreitet.

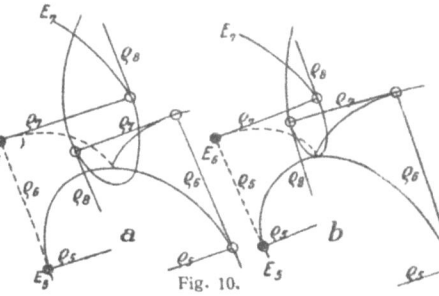

Fig. 10.

Die Figuren 10a und b zeigen die Verhältnisse, wenn in E_7 eine lose oder eine Nullschleife gebildet wird. In beiden Fällen kommt sowohl längs E_6 wie längs E_5 ein Zeichenwechsel nach der Spitze hin. Die Tangentenlinie verliert hier also auf einmal zwei Zeichenwechsel und gewinnt zwei Zeichenfolgen.

Obenhin betrachtet könnte es den Anschein haben, als ob in Fig. 10b auch in der auf E_7 fortschreitenden Ecke eine Verwandlung stattfinden müßte, weil diese Ecke ebenfalls die Spitze passiert. Man sieht jedoch bald ein, daß einer der beiden in dieser Ecke zusammenkommenden Krümmungsradien — in der Figur ϱ_7 — zwar gleich Null wird, aber dabei, gerade so wie in Fig. 10a, sein Vorzeichen behält.

Die Figuren 8, 9 und 10 zeigen alle Fälle, die vorkommen können, wenn die wandernde Tangentenlinie eine Spitze passiert. Wir können die Ergebnisse folgendermaßen zusammenfassen.

a) In jeder *äußeren Spitze* verwandelt sich *ein* Zeichenwechsel in eine Zeichenfolge (Fig. 8).

b) In jeder *Spitze mit Schleife* — gleichviel ob Null- oder freier Schleife — verwandeln sich *zwei* Zeichenwechsel in Zeichenfolgen (Fig. 10).

c) In jeder *Spitze mit Bogen* geht ein Zeichenwechsel auf die nächstfolgende, eine Zeichenfolge auf die vorhergehende Evolvente über (Fig. 9).

Wenden wir diese Sätze auf einen m-fachen Nullpunkt an, wo ja einige — sagen wir p — Spitzen mit Nullschleifen vereinigt sind, so ist es klar, daß hier, nach b, in einem Male $2p$ Zeichenwechsel in Zeichenfolgen übergehen müssen. Ist nun m gerade, also $= 2p$, so ist weiter nichts zu bemerken. Ist jedoch m ungerade, also $= 2p + 1$, so kommt noch eine Spitze hinzu, und wenn diese Spitze nicht von einem Bogen überwölbt ist (c), so ist die Anzahl der Verwandlungen, *noch eins* oder *noch zwei mehr,* je nachdem sie eine äußere Spitze (a) oder eine *Spitze mit loser Schleife* (b) ist.

7. Die Anzahl der Zeichenwechsel und der Zeichenfolgen einer Tangentenlinie im Zusammenhang mit den rechts und links liegenden äußeren Spitzen und Spitzen mit Schleifen. Wir wollen das Vorhergehende durch ein Beispiel erläutern und noch einige Betrachtungen daran knüpfen.

Die Fig. 11 ist die schematische Darstellung eines Kreises E_0 mit 16 Evolventen E_1 bis E_{16}.

E_{16} hat einen einfachen und einen dreifachen Nullpunkt,

7. Alle Zeichenwechsel gehen in Zeichenfolgen über

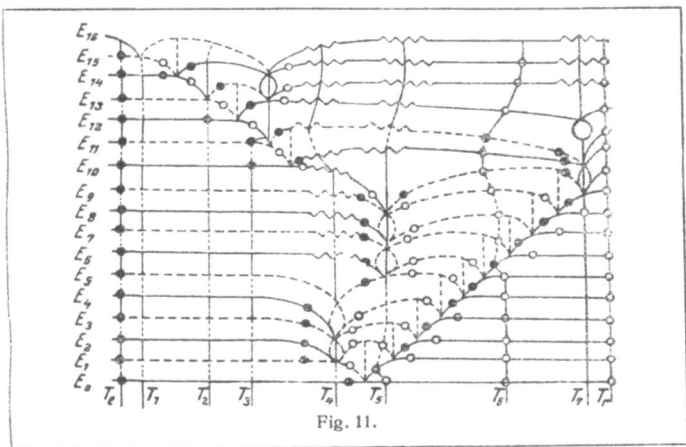

Fig. 11.

also im ganzen 4 Nullpunkte. Es fehlen deshalb 12 Nullpunkte und dies ist nach § 4 im Einklang mit der Anwesenheit von 5 Spitzen mit Nullschleifen in den 3 *inneren* mehrfachen Nullpunkten nebst einer Spitze mit freier Schleife.

Verfolgt man nun die 16 Zeichenwechsel einer Tangentenlinie T_l, die durch alle linken Spiralen geht, so sieht man 2 derselben in den 2 äußeren Spitzen und die übrigen 14 paarweise in den 7 Spitzen mit Schleifen in Zeichenfolgen übergehen, während in jeder Spitze mit Bogen immer ein Zeichenwechsel und eine Zeichenfolge ihre Plätze auf den Evolventen wechseln.

So verliert die Tangentenlinie allmählich ihre Zeichenwechsel, bis sie mit 16 Zeichenfolgen in den rechten Spiralen anlangt. Während dieser Wanderung hat die Tangentenlinie an ihrer *rechten* Seite stets die äußeren Spitzen und Spitzen mit Schleifen, wo die Verwandlung ihrer *Zeichenwechsel* stattfinden wird, und *links* die äußeren Spitzen und Spitzen mit Schleifen, wo ihre *Zeichenfolgen* aus der Verwandlung hervorgekommen sind. Und wenn die Tangentenlinie *vollständig* ist, wie z. B. T_6 in Fig. 11, weil sie nicht gerade durch einen Nullpunkt geht, gilt für die sämtlichen Ecken die folgende

Regel: *Jede rechts oder links liegende äußere Spitze entspricht einem Zeichenwechsel oder einer Zeichen-*

*folge und jede rechts oder links liegende Spitze mit
Schleife zwei Zeichenwechseln oder Zeichenfolgen.*

In dem Augenblicke, wo die Tangentenlinie eine äußere Spitze
oder eine Spitze mit Schleife passiert, liegt einerseits solch
eine Spitze weder rechts noch links, während anderseits
die entsprechenden Ecken in der Tangentenlinie fehlen. Wenn
dann alle andern Ecken unverletzt bleiben, ist obige *Regel*
für diese Ecken immer gültig. Dies wird jedoch offenbar nur
dann der Fall sein, wenn die Tangentenlinie durch einen
äußeren einfachen oder mehrfachen Nullpunkt geht wie T_1
und T_3 in Fig. 11.

Betrachten wir nämlich den Augenblick, wo die Tangentenlinie durch einen *inneren,* sagen wir *m-fachen Nullpunkt*
mit p Spitzen mit Nullschleifen geht, so fehlen in der Tangentenlinie $m + 1$ Ecken, also außer den $2p$ Ecken, die den p Spitzen mit Nullschleifen entsprechen, noch 2, wenn $m = 2p + 1$
ist und noch 1 für $m = 2p$. Dagegen bilden die im Nullpunkte
zusammenstoßenden Krümmungsradien *einen neuen* wenn
auch *uneigentlichen Zeichenwechsel* oder eine *uneigentliche
Zeichenfolge,* je nachdem in dem Nullpunkte eine *ungerade* oder
eine *gerade* Anzahl *eigentlicher* Zeichenwechsel verschwindet.
Und es fragt sich, ob man sich vielleicht den uneigentlichen
Zeichenwechsel oder die uneigentliche Zeichenfolge zunutze
machen kann, um dem Fehlbetrag an Ecken abzuhelfen. Dazu
betrachten wir die drei Fälle, daß $m = 2p + 1$ *mit Bogen,*
$m = 2p + 1$ *mit loser Schleife,* und $m = 2p$ ist.

a) $m = 2p + 1$ *mit Bogen,* wie bei T_5 in Fig. 11. Außer
den $2p$ Ecken, die sich in die p Spitzen mit Nullschleifen
verstecken, verschwinden noch 2 Ecken auf die in Fig. 9
dargestellte Weise in der Endspitze mit Bogen, eine mit
einem *Zeichenwechsel,* der einer *rechts* liegenden Spitze, die
andere mit einer *Zeichenfolge,* die einer *links* liegenden Spitze
entspricht. Der *uneigentliche* Zeichenwechsel, der in diesem
Falle immer entsteht, kann hier als Ersatz für den fehlenden
eigentlichen Zeichenwechsel gelten; *die fehlende Zeichenfolge läßt sich jedoch nicht ersetzen.*

Dieses Ergebnis gilt auch, wenn $p = 0$ ist, wie bei T_2 in
Fig. 11.

b) $m = 2p + 1$ (einschl. $p = 0$) *mit freier Schleife,* wie bei
T_7 in Fig. 11. Die Endspitze mit freier Schleife entspricht

den beiden nach Fig. 10a in dieser Spitze sich verlierenden Ecken. Es bleibt also die *Regel* für die übrigen Ecken in der Tangentenlinie für diesen Fall gültig *ohne* Zuhilfenahme der uneigentlichen Zeichenfolge, die hier immer gebildet wird.

c) $m = 2p$, wie bei T_4 in Fig. 11. Betrachten wir Fig. 10b, so sehen wir, wie außer den Zeichenwechseln, die in der Spitze in Zeichenfolgen übergehen, noch eine *Zeichenfolge*, die einer *links* liegenden Spitze entspricht, in dem Nullpunkt verschwindet. Zugleich bemerken wir aber, daß die beiden Krümmungsradien ρ_8 und ρ_5 im Nullpunkt eine *uneigentliche Zeichenfolge* bilden, entsprechend der *geraden* Anzahl verschwindender Zeichenwechsel. In der Tangentenlinie T_4 von Fig. 11 führt die auf E_5 fortschreitende und in dem Nullpunkt verschwindende Ecke einen *Zeichenwechsel* an, der in einer *rechts* liegenden Spitze mit Schleife ihrer Verwandlung entgegensieht. Dadurch wird nun aber die Anzahl der verschwindenden Zeichenwechsel *ungerade*, so daß jetzt ein *uneigentlicher Zeichenwechsel* entsteht. Es erhellt hieraus, daß die *Regel* für die Ecken der wandernden Tangentenlinie in diesem Falle *mit Zuhilfenahme von uneigentlichem Zeichenwechsel oder uneigentlicher Zeichenfolge* zutrifft.

Man sieht aus diesen Betrachtungen, daß die in Rede stehende Regel auf die *Zeichenwechsel unter allen Umständen* anwendbar ist, wenn nur ein uneigentlicher Zeichenwechsel immer mitgezählt wird.

II. KREISEVOLVENTEN UND GANZE ALGEBRAISCHE FUNKTIONEN

8. Der Krümmungsradius einer Kreisevolvente ist eine ganze algebraische Funktion des Drehungswinkels der Tangentenlinie. Während der Wanderung der Tangentenlinie ändert sich stetig der Krümmungsradius jeder Kreisevolvente. Also ist der Krümmungsradius jeder Evolvente eine *Funktion* $F(w)$ des Drehungswinkels w der Tangentenlinie, von einer gewissen Anfangslage, der *Nullinie*, an gerechnet.

Es wird sich ergeben, daß diese Funktion eine *ganze algebraische Funktion* ist, d. h. daß sie die Form

$$F(w) = A_0 w^n + A_1 w^{n-1} + \cdots + A_{n-1} w + A_n \cdots \quad (1)$$

24 II. Kreisevolventen und ganze algebraische Funktionen

hat, worin $A_0, A_1 \ldots A_{n-1}, A_n$ reelle Zahlen sind, während n eine ganze positive Zahl ist.

In § 5 fanden wir die Ungleichung

$$P_1 P_2 \, \Delta w < \Delta \rho_3 < Q_1 Q_2 \, \Delta w \quad \text{oder} \quad P_1 P_2 < \frac{\Delta \rho_3}{\Delta w} < Q_1 Q_2$$

für die zweite Evolvente der Fig. 2.

Wir wollen jetzt vom *Differenzenquotienten* $\frac{\Delta \rho_3}{\Delta w}$ zum *Differentialquotienten* $\frac{d\rho_3}{dw}$ übergehen, indem wir Δw unbegrenzt abnehmen lassen.[1]) Es konvergiert dann auch $\Delta\rho_3$ nach Null, während $Q_1 Q_2$ sich dem Krümmungsradius $\rho_2 = P_1 P_2$ im Punkte P_1 bis zum Zusammenfallen nähert. Wir schreiben dies bekanntlich folgenderweise:

$$\lim_{\Delta w = 0} \frac{\Delta \rho_3}{\Delta w} = \frac{d\rho_3}{dw} = \rho_2.$$

Und so hat man für n aufeinanderfolgende Evolventen

$$\frac{d\rho_1}{dw} = \rho_0, \quad \frac{d\rho_2}{dw} = \rho_1 \cdots \frac{d\rho_n}{dw} = \rho_{n-1}.$$

Wir wollen jetzt diese Gleichungen integrieren und fangen mit der ersten an. Wir schreiben also:

$$\rho_1 = \int \rho_0 \, dw.$$

Weil der Kreisradius ρ_0 vom Drehungswinkel unabhängig, d. h. eine *Konstante* ist, gibt die Integration:

$$\rho_1 = \rho_0 w + r_1,$$

worin die hinzugefügte Konstante r_1 den Wert von ρ_1 für $w = 0$ bedeutet.

Aus der zweiten Gleichung ergibt sich:

$$\rho_2 = \int \rho_1 \, dw = \int \rho_0 w \, dw + \int r_1 \, dw = \frac{\rho_0}{2} w^2 + r_1 w + r_2.$$

Fahren wir in dieser Weise fort und ersetzen wir regelmäßigkeitshalber ρ_0 durch r_0, so bekommen wir schließlich:

---

[1]) Die im folgenden vorkommenden Anwendungen der Differential- und Integralrechnung sind dem in den Bändchen 9 und 42 dieser Sammlung von Dr. A. Witting verfolgten Gedankengang angepaßt.

8., 9. Der Krümmungsradius als Funktion von w

$$\rho_n = \frac{r_0}{n!} w^n + \frac{r_1}{(n-1)!} w^{n-1} + \cdots + \frac{r_{n-2}}{2!} w^2 + \frac{r_{n-1}}{1} w + r_n \cdots \quad (2)$$

Hierin ist die übliche Schreibweise $n!$, $(n-1)!$ usw., für das Produkt der natürlichen Zahlen von 1 bis n, von 1 bis $(n-1)$ usw. angewendet.

Die Größen $r_0, r_1 \cdots r_{n-2}, r_{n-1}, r_n$ sind die Längen der Krümmungsradien $\rho_0, \rho_1 \cdots \rho_{n-2}, \rho_{n-1}, \rho_n$ für $w = 0$, d. h. der Krümmungsradien, woraus die Tangentenlinie in ihrer Anfangslage, *die Nullinie,* besteht.

Man sieht, daß ρ_n eine *ganze algebraische Funktion n^{ten} Grades in w* ist.

9. Jede ganze algebraische Funktion n^{ten} Grades in w stellt eine n^{te} Kreisevolvente vor. Die abgeleiteten Funktionen. Jede ganze algebraische Funktion in w kann auf die allgemeine Form (1) gebracht werden. Setzt man dann diese Funktion $= \rho_n$, so hat man immer die Gleichung einer n^{ten} Kreisevolvente. Denn wenn man

$$A_0 = \frac{r_0}{n!}, \; A_1 = \frac{r_1}{(n-1)!} \cdots A_{n-2} = \frac{r_{n-2}}{2!}, \; A_{n-1} = \frac{r_{n-1}}{1}, \; A_n = r_n$$

setzt, bekommt man für $r_0, r_1 \cdots r_{n-2}, r_{n-1}, r_n$ reelle positive oder negative Zahlen und durch diese Größen ist immer ein Kreis mit n Evolventen unzweideutig bestimmt, weil sie die Krümmungsradien einer Tangentenlinie, nämlich der *Nullinie,* sind. Hat man nämlich mit dem Radius r_0 einen Kreis E_0 beschrieben und daran eine Tangente gelegt, so bestimmt man den beschreibenden Punkt für die erste Evolvente E_1, indem man die Länge r_1 vom Berührungspunkte an auf diese Tangente abträgt und zwar nach links oder nach rechts, wenn man den Kreisradius vom Zentrum nach dem Berührungspunkte hin durchläuft, je nachdem r_1 und r_0 — oder A_1 und A_0 — gleiche oder entgegengesetzte Vorzeichen haben. Durch die rollende Bewegung der Tangente über den Kreis kann dann die Kurve E_1 erhalten werden.

Zieht man durch den Endpunkt von r_1 eine Senkrechte zu dieser Tangente, so wird diese Linie eine Tangente an E_1. Und wenn man auf diese wieder die Länge r_2 abträgt, nach links oder nach rechts, je nachdem r_2 und r_1 — d. h. A_2 und A_1 — gleiche oder entgegengesetzte Vorzeichen haben, so bekommt man den beschreibenden Punkt für E_2.

Fährt man in dieser Weise fort bis E_n, dann ist der ganze Satz von n Kreisevolventen vollständig und unzweideutig bestimmt. Die Krümmungsradien r_0, $r_1 \ldots r_n$ können ja alle reellen positiven und negativen Werte haben, weil jede Tangente sich auf beiden Seiten des Berührungspunktes ins Unendliche erstreckt.

Später (§ 15) kommen wir auf das praktische Zeichen von Kreisevolventen näher zurück.

Durch Differenzierung einer Funktion bekommt man bekanntlich die sog. *abgeleitete Funktion* oder kurz die *Ableitung*.

Die sukzessiven Ableitungen der ganzen algebraischen Funktion (1), die der Gleichung (2) einer n^{ten} Kreisevolvente entspricht, ergeben offenbar die $(n-1)^{\text{te}}$, $(n-2)^{\text{te}}$ usw. Evolvente. Denn wie man durch wiederholte Integrierung die Gleichungen n aufeinanderfolgender Kreisevolventen bekommt, wenn man vom Kreise ausgeht, so entstehen dieselben Gleichungen durch wiederholte Differenzierung, wenn man mit der n^{ten} Evolvente oder der Funktion n^{ten} Grades anfängt.

Es ist demnach *ein Kreis mit n Evolventen das geometrische Bild einer ganzen algebraischen Funktion n^{ten} Grades mit ihren n Ableitungen. Wir übersehen darin mit einem Blick den inneren Bau und den gegenseitigen Zusammenhang aller dieser Funktionen.*

Nach dem aus der Differentialrechnung bekannten *Maclaurinschen Lehrsatz* kann jede Funktion $y = f(x)$ unter gewissen beschränkenden Bedingungen, die uns aber hier nicht stören, folgenderweise in eine Reihe entwickelt werden:

$$y = f(0) + \frac{f_1(0)}{1} x + \frac{f_2(0)}{1 \cdot 2} x^2 + \frac{f_3(0)}{1 \cdot 2 \cdot 3} x^3 + \text{usw.,}$$

worin $f(0)$, $f_1(0)$, $f_2(0)$, $f_3(0)$ usw. die Werte der Funktion und ihrer 1ten, 2ten, 3ten usw. Ableitung für $x = 0$ sind.

Man wird sofort einsehen, daß unsere Gleichung (2), von hinten nach vorn gelesen, nichts anderes ist als die Anwendung dieses Lehrsatzes auf die Funktion (1), denn r_n, r_{n-1} usw. sind eben die Werte der Funktion und ihrer Ableitungen für $w = 0$.

10. Die Wurzelwerte einer Funktion n^{ten} Grades. Nach dem Vorhergehenden muß es einen gewissen Parallelismus

9., 10. Parallelismus zwischen Kreisev. u. algebr. Funktionen

geben zwischen den geometrischen Eigenschaften der Kreisevolventen und den Eigenschaften der ganzen algebraischen Funktionen, und wir stellen uns jetzt die Aufgabe, die Ergebnisse des I. Abschnittes in die entsprechenden Eigenschaften der Funktionen umzusetzen.

Dabei ist zu erwägen, daß, während wir bei den Betrachtungen bezüglich der Kreisevolventen vom Kreise ausgingen und um diesen herum eine beliebige Anzahl von Evolventen entstehen ließen, es jetzt die Funktion n^{ten} Grades ist, die in den Vordergrund tritt. Es handelt sich ja um die Eigenschaften der Funktion

$$f(w) = w^n + a_1 w^{n-1} + \cdots + a_{n-1} w + a_n,$$

worin wir, ohne der Allgemeinheit zu schaden, den Koeffizienten des ersten Gliedes immer $= +1$ annehmen dürfen. Und dieser Funktion entspricht die n^{te} Evolvente E_n eines Satzes von n Kreisevolventen, wenn der Kreisradius $r_0 = 1.2.3\ldots(n-1)n$ und positiv genommen wird, während $r_1, r_2 \ldots r_n$ in der angegebenen Weise aus den Koeffizienten $a_1, a_2 \ldots a_n$ zu berechnen sind, wodurch dann die Gleichung

$$\rho_n = \frac{r_0}{n!} w^n + \frac{r_1}{(n-1)!} w^{n-1} + \cdots + \frac{r_{n-1}}{1} w + r_n$$

der entsprechenden n^{ten} Kreisevolvente entsteht.

Wir bemerken zunächst, daß für jeden Wert von w die Funktion $f(w)$ einen Wert bekommt, der die Länge des Krümmungsradius ρ_n angibt, wenn die Tangentenlinie von der Nullinie an sich um einen Winkel, dessen Arkus $= w$ ist, gedreht hat.

Wir denken uns jetzt die wandernde Tangentenlinie in einer Lage, wobei sie durch einen Punkt der linken Spirale von E_n geht. Es muß immer ein Wert für w bestehen, der einer solchen Lage entspricht. Wir deuten diesen Wert durch $-\infty$ an, weil im allgemeinen ein großer negativer Wert dieser Bedingung Genüge leisten wird. Lassen wir die Tangentenlinie die Reihenfolge von Spitzen, Bogen und Schleifen durchlaufen bis in die rechte Spirale, so hat w einen Wert bekommen, den wir durch $+\infty$ angeben. Und der Krümmungsradius ρ_n oder die Funktion $f(w)$ hat dabei abwechselnd positive und negative, Maximal- und Minimalwerte gehabt.

Die wichtigsten Werte von w sind die *Wurzelwerte,* das sind diejenigen, welche die Funktion gleich Null machen und also Wurzeln der Gleichung n^{ten} Grades

$$w^n + a_1 w^{n-1} + \cdots + a_{n-1} w + a_n = 0 \qquad (3)$$

sind. Es ist klar, daß der Arkus des Drehungswinkels solch eine Wurzel ergibt, so oft die wandernde Tangentenlinie einen Nullpunkt von E_n passiert. Mit Rücksicht auf diese Bedeutung der Nullpunkte werden wir dieselben bisweilen die *Wurzelpunkte der entsprechenden Wurzeln* nennen.

Umgekehrt kann jedoch nicht behauptet werden, daß jede Wurzel der Gleichung (3) einem Nullpunkte von E_n entspricht, weil es ja auch *imaginäre* oder *komplexe* Werte von w geben kann, welche zwar die Funktion gleich Null machen und also algebraisch als Wurzelwerte zu betrachten sind, jedoch keine wirklichen Drehungswinkel bedeuten können. Diese imaginären Wurzeln müssen offenbar den fehlenden Nullpunkten in E_n entsprechen. Und wenn man genau achtgibt auf die Art und Weise, wie die Nullpunkte von E_n bei der Entstehung der losen Schleifen und der spiralartigen Kurventeile, die um die Schleifen herumlaufen, hinwegkommen, infolge der in den §§ 3 und 4 erwähnten Umformungen, so ergibt sich, daß in der Tat das Verschwinden eines jeden Paares von Nullpunkten das Imaginärwerden zweier reellen Wurzeln der Gleichung bedeutet.

Nun ist jedes fehlende Paar von Nullpunkten in E_n entweder mit einer Spitze mit loser Schleife oder mit einem mehrfachen Nullpunkte in einer der vorhergehenden Evolventen verknüpft. Also muß auch jedes Paar komplexer Wurzeln der Gleichung mit einer bestimmten reellen Wurzel einer ihrer Ableitungen in Verbindung stehen. Wenn auch dieser Wurzelwert nur in einzelnen Fällen in der algebraischen Form der komplexen Wurzeln wiederzufinden und meistens nur mittels der Kreisevolventen zu bestimmen ist, so werden wir denselben dennoch unter der Benennung des *geometrischen Wurzelwertes der komplexen Wurzeln* häufig benutzen, während wir den entsprechenden Nullpunkt als den *Wurzelpunkt der komplexen Wurzeln* betrachten.

Die komplexen Wurzeln sind ihren *Wurzelpunkten* sozusagen entsprossen und bekommen durch ihre *geometrischen*

Wurzelwerte die ihnen gebührenden Stellen zwischen den reellen Wurzelwerten. Wir nennen demnach die komplexen Wurzeln auch *positiv* oder *negativ,* je nachdem ihre geometrischen Wurzelwerte *positiv* oder *negativ* sind.

Außerdem geben die beiden geometrischen Formen, wodurch die komplexen Wurzeln sich in den Evolventen verraten, Veranlassung, diese Wurzeln als *primär* zu bezeichnen, wenn die entsprechenden Nullpunkte bei der einfachen Umformung eines Bogens in eine lose Schleife zunichte gegangen sind, und als *sekundär,* wenn eine Spiralbildung stattgefunden hat.

11. Einige Eigenschaften der Wurzeln einer Gleichung n^{ten} Grades. Die folgenden Eigenschaften der Wurzeln einer Gleichung n^{ten} Grades lassen sich leicht aus den geometrischen Eigenschaften ihrer Wurzelpunkte herleiten.

Wir setzen dabei voraus, daß der Koeffizient des ersten Gliedes der Gleichung stets positiv genommen wird und — selbstverständlicher Weise — daß die Koeffizienten der Gleichung reelle Zahlen sind.

Wo nicht ausdrücklich von *reellen* oder von *komplexen* Wurzeln gesprochen wird, sondern von „*Wurzeln*" überhaupt die Rede ist, denke man sich, dem im vorigen Paragraphen gesagten gemäß, jedes Paar komplexer Wurzeln zwischen den reellen Wurzeln nach deren geometrischen Wurzelwerten geordnet.

I. Eine Gleichung n^{ten} Grades hat höchstens n reelle Wurzeln, die entweder alle einfach oder teilweise zu mehrfachen Wurzeln vereinigt sind (§ 2).

II. Wenn eine Gleichung n^{ten} Grades n einfache (also reelle) Wurzeln hat, muß die erste Ableitung $n-1$, die zweite Ableitung $n-2$, die k^{te} Ableitung $n-k$ einfache Wurzeln haben und es liegt zwischen zwei aufeinanderfolgenden Wurzeln der Gleichung oder einer Ableitung eine Wurzel der folgenden Ableitung (Fig. 3).

III. Hat eine Gleichung n^{ten} Grades eine m-fache (reelle) Wurzel, so hat die erste Ableitung die nämliche Wurzel $(m-1)$ mal, die zweite Ableitung $(m-2)$ mal usw. und die $(m-1)^{\text{te}}$ Ableitung *einmal* (§ 4).

IV. Eine Gleichung $f(\omega)=0$ hat zwischen zwei beliebigen Werten p und q, die keine Wurzeln der Gleichung sind, eine *gerade* (einschl. 0) oder eine *ungerade* (einschl. 1) Anzahl Wurzeln, je nachdem die Werte der Funktion $f(w)$ für $w = p$ und $w = q$ *gleiche* oder *entgegengesetzte* Vorzeichen haben.

Denn bei der Wanderung der Tangentenlinie ändert ρ_n in *jeder* Spitze und *nur* in einer Spitze sein Vorzeichen; und eine Spitze in E_n ist entweder ein *einfacher* oder ein *ungerader* mehrfacher Nullpunkt, während der Scheitel einer Nullschleife in E_n immer ein *gerader* mehrfacher Nullpunkt ist und die komplexen Wurzeln nur paarweise vorkommen.

Für $q = +\infty$ lautet der letzte Satz:

V. Je nachdem die Funktion für $w = p$ einen *positiven* oder einen *negativen* Wert bekommt, hat die Gleichung eine *gerade* oder eine *ungerade* Anzahl Wurzeln, die größer sind als p — weil für $w = +\infty$ ρ_n immer positiv ist.

Ist obendrein $p = 0$, so kann man sagen:

VI. Die Gleichung hat eine *gerade* oder eine *ungerade* Anzahl positiver Wurzeln, je nachdem das letzte Glied a_n — das sogenannte *Absolutglied* der Gleichung — *positiv* oder *negativ* ist.

Denn $a_n = r_n$ ist der Wert der Funktion, also von ρ_n, für $w = 0$.

VII. Ist n *ungerade*, so hat die Gleichung wenigstens eine reelle Wurzel.

VIII. Ist n *gerade*, so ist es möglich, daß die Gleichung *keine einzige* reelle Wurzel hat. Dann muß aber das *Absolutglied* a_n *positiv* sein. Ist a_n *negativ* oder kann man überhaupt einen Wert von w finden, der die Funktion negativ macht, so hat die Gleichung wenigstens *zwei* reelle Wurzeln.

Hat nämlich E_n keine einzige Spitze, so besteht diese Evolvente zwischen den beiden Endspiralen nur aus Bogen und Schleifen und möglichenfalls spiralartigen Kurventeilen. Und die Schleifen können alle lose Schleifen sein. Jedenfalls ist ρ_n überall positiv. Wäre ρ_n in irgendeinem Punkte negativ, so müßte an beiden Seiten dieses Punktes wenigstens eine Spitze gebildet werden, damit beide Endspiralen positive Krümmungsradien bekommen.

IX. Es seien b und b' zwei aufeinanderfolgende reelle Wurzeln der ersten abgeleiteten Funktion $f'(w)$. Die ursprüngliche Funktion $f(w)$ hat dann zwischen b und b' entweder *eine* oder *keine* reelle Wurzel, je nachdem die Werte von

11. Eigenschaften der Wurzeln von Gleichungen n^{ten} Grades

$f(w)$ für $w = b$ und $w = b'$ *ungleiche* oder *gleiche* Vorzeichen bekommen, (*Rolle*'s Lehrsatz). Die Funktion kann in diesem Intervall jedoch beliebig viele Paare komplexer Wurzeln haben.

Denn es mögen zwei aufeinanderfolgende Nullpunkte in E_{n-1} durch einen einzigen Bogen oder durch eine Reihe von Bogen und freien Schleifen und vielleicht auch Spiralen verbunden sein, jedenfalls kann in diesem Kurventeil nur *eine* Spitze von E_n zu stehen kommen und dann hat ρ_n auf beiden Seiten dieser Spitze *ungleiche* Vorzeichen. Kommt keine Spitze zustande, so *behält* ρ_n sein Vorzeichen.

X. Der geometrische Wurzelwert eines primären Paares komplexer Wurzeln ist entweder eine *einfache* oder eine *ungerade mehrfache* Wurzel der ersten Ableitung.

Denn eine freie Schleife in E_n umschlingt immer eine Spitze in E_{n-1}.

XI. Ein primäres Paar komplexer Wurzeln kann immer durch geeignete Abänderung des Absolutgliedes der Gleichung in ein Paar reeller Wurzeln verwandelt werden. Sekundäre komplexe Wurzeln können auf diese Weise nicht reell werden.

Das Absolutglied der Gleichung ist der Krümmungsradius der entsprechenden Evolvente in der Nullinie. Eine Änderung der Länge dieses Krümmungsradius hat offenbar denselben Erfolg wie eine Verlegung des beschreibenden Punktes und kann also die freie Schleife wieder in einen Bogen verwandeln.

XII. Die geometrischen Wurzelwerte sekundärer komplexer Wurzeln können nicht einfache Wurzeln der 1^{en} Ableitung sein.

Denn die Bildung spiralartiger Kurventeile in E_n erfordert entweder eine Schleife oder eine Spirale in E_{n-1}.

XIII. Wenn irgendeine Ableitung der Gleichung ein primäres Paar komplexer Wurzeln hat, so bekommen die vorhergehenden Ableitungen sowie auch die ursprüngliche Gleichung je ein sekundäres Paar komplexer Wurzeln mit demselben geometrischen Wurzelwert wie das primäre Paar.

XIV. Hat irgendeine Ableitung eine $2p$- oder $(2p + 1)$-fache Wurzel, die der vorhergehenden Ableitung bzw. der ursprünglichen Gleichung nicht genügt, so ist diese Wurzel der geometrische Wurzelwert von p sekundären komplexen Wurzelpaaren in allen vorhergehenden Ableitungen und in der ursprünglichen Gleichung.

Aus X und XIV folgt, daß eine $(2p + 1)$-fache Wurzel der

32 II. Kreisevolventen und ganze algebraische Funktionen

1. Ableitung zugleich der geometrische Wurzelwert eines primären komplexen Wurzelpaares und von p sekundären komplexen Wurzelpaaren der Gleichung sein kann.

Dieser Fall tritt nämlich ein, wenn die Endspitze eines $(2p+1)$-fachen Nullpunktes in E_{n-1} von einer freien Schleife in E_n umschlungen ist (§ 4 Schluß).

12. Die Zeichenwechsel und Zeichenfolgen der Glieder einer algebraischen Gleichung im Zusammenhang mit ihren positiven und negativen Wurzeln.

Die Glieder einer gehörig geordneten algebraischen Gleichung haben dieselben Vorzeichen wie die Krümmungsradien der Nullinie der entsprechenden Kreisevolvente (§ 9) und zeigen mithin auch dieselben Zeichenwechsel und Zeichenfolgen.

Wenden wir dann die in § 7 gefundene *Regel* bezüglich der Zeichenwechsel und Zeichenfolgen einer vollständigen Tangentenlinie auf die Nullinie an und bedenken wir, daß die *rechts* und *links* von der Nullinie liegenden Wurzelpunkte *positiven* und *negativen* Wurzeln angehören, so ergibt sich zunächst folgender nach *Cartesius* genannter Lehrsatz, worin, nach dem in § 10 Gesagten, mit *positiven* und *negativen* Wurzeln nicht nur reelle, sondern auch komplexe Wurzeln gemeint sind.

I. In einer vollständigen algebraischen Gleichung stimmt die Anzahl der *Zeichenwechsel* der Glieder mit der der *positiven* Wurzeln und die der *Zeichenfolgen* mit der der *negativen* Wurzeln überein.

Hält man diese Abfassung gegen die in § 7 angegebene *Regel*, so hat man zu erwägen, daß jede Spitze mit Nullschleife, die einem *äußeren* mehrfachen Nullpunkte angehört, einem Paar reeller Wurzeln entspricht, jede Spitze mit Nullschleife eines *inneren* mehrfachen Nullpunktes dagegen einem Paare *komplexer* Wurzeln.

Geht die Nullinie durch einen äußeren m-fachen Nullpunkt, so fehlen die letzten m Glieder der Gleichung. Solch eine Gleichung kann jedoch außer Betracht bleiben, weil alle Glieder durch w^m teilbar sind und die Unvollständigkeit also sofort gehoben werden kann. Übrigens bleibt Satz I in diesem Falle unbedingt gültig.

Wenn die Nullinie durch einen *inneren* m-fachen Nullpunkt geht, fehlen in der Gleichung m Glieder *zwischen zwei Glie*-

dern, die dann entweder einen *uneigentlichen Zeichenwechsel* oder eine *uneigentliche Zeichenfolge* zeigen.

Zunächst ist zu bemerken, daß solch eine Gleichung immer komplexe Wurzeln hat (§ 11 XIV) mit dem geometrischen Wurzelwert $w = 0$. Und wir bekommen mit Hilfe der in § 7 $a - c$ erzielten Ergebnisse für die verschiedenen Fälle die folgenden Sätze, worin unter *sämtlichen* Zeichenwechseln und Zeichenfolgen auch die *uneigentlichen* mit einbegriffen sind.

II. Wenn $m = 2p$ Glieder fehlen, hat die Gleichung p Paare komplexer Wurzeln mit dem geometrischen Wurzelwert $w = 0$.

Sämtliche Zeichenwechsel sind den *positiven*, *sämtliche Zeichenfolgen* den *negativen* Wurzeln an Anzahl gleich (§ 7, c).

III. Fehlen $m = 2p + 1$ (einschl. $p = 0$) Glieder zwischen zwei Gliedern mit *ungleichen* Vorzeichen, so hat die Gleichung p Paare komplexer Wurzeln mit dem geometrischen Wurzelwert $w = 0$.

Sämtliche Zeichenwechsel entsprechen den *positiven* Wurzeln, aber die Anzahl der *Zeichenfolgen* ist um *eins weniger* als die Anzahl der *negativen* Wurzeln (§ 7, a).

IV. Wenn $m = 2p + 1$ Glieder zwischen zwei Gliedern mit *gleichen* Vorzeichen fehlen, hat die Gleichung $p + 1$ Paare komplexer Wurzeln mit dem geometrischen Wurzelwert $w = 0$.

Sämtliche Zeichenwechsel entsprechen den *positiven* Wurzeln, aber die Anzahl der *Zeichenfolgen* ist um *eins mehr* als die Anzahl der *negativen* Wurzeln (§ 7, b).

Aus II., III. und IV. folgt:

V. *Unter allen Umständen* ist die *Gesamtzahl* der *Zeichenwechsel* der Anzahl der *positiven* Wurzeln gleich.

13. Die Zeichenwechsel und Zeichenfolgen der Werte einer algebraischen Funktion und ihrer Ableitungen für einen beliebigen Wert von w. Die Gleichungen

$$\rho_n = \frac{r_0}{n!} w^n + \frac{r_1}{(n-1)!} w^{n-1} + \cdots + \frac{r_{n-2}}{2!} w^2 + \frac{r_{n-1}}{1} w + r_n$$

$$\rho_{n-1} = \frac{r_0}{(n-1)!} w^{n-1} + \frac{r_1}{(n-2)!} w^{n-2} + \cdots + \frac{r_{n-2}}{1} w + r_{n-1}$$

$$\rho_2 = \frac{r_0}{2!} w^2 + \frac{r_1}{1} w + r_2$$

$$\rho_1 = \frac{r_0}{1} w + r_1$$

$$\rho_0 = r_0$$

stellen ebensogut eine ganze algebraische Funktion mit ihren n Ableitungen wie auch einen Kreis mit n Evolventen vor.

Setzt man für w verschiedene Werte u_1, u_2, u_3 usw., so bekommt man die entsprechenden Werte der Funktionen, und diese sind zugleich die Längen der Krümmungsradien der wandernden Tangentenlinie, wenn dieselbe sich von der Nullinie an um die Winkel, deren Arkus u_1, u_2, u_3 usw. sind, gedreht hat.

Wenden wir dann die Regel des § 7 auf eine Tangentenlinie an, die sich etwa in der Lage $w = u_1$ befindet, so bekommen wir offenbar dieselben Sätze bezüglich der Zeichenwechsel und Zeichenfolgen, die die Werte der Funktionen für $w = u_1$ zeigen, wie im vorigen Paragraphen hinsichtlich der Zeichenwechsel und Zeichenfolgen der Glieder der ursprünglichen Gleichung. Wir haben nur die Wörter „*positive*" und „*negative* Wurzeln" durch „Wurzeln *größer*" und „*kleiner als u_1*" zu ersetzen und für den geometrischen Wurzelwert der komplexen Wurzeln $w = u_1$ anstatt $w = 0$ zu nehmen.

Wir wollen jedoch diese Sätze nicht in dieser Form noch einmal hinschreiben, sondern sogleich einen Schritt weiter gehen und die Werte der Funktionen für $w = u_1$ mit ihren Werte für $w = u_2$ vergleichen. Das kommt dann darauf hinaus, daß wir die Tangentenlinien für $w = u_1$ und für $w = u_2$ miteinander vergleichen.

Wir sind nämlich jetzt imstande, bloß durch die Betrachtung der Vorzeichen und zwar besonders der Zeichenwechsel und Zeichenfolgen, die die Werte der Funktionen für $w = u_1$ und $w = u_2$ zeigen, einiges über die Wurzeln der Gleichung in diesem Intervall zu ermitteln.

Wir setzen dabei voraus, daß $u_1 < u_2$ ist.

Hierneben sind in zwei vertikalen Reihen I und II die Werte von ρ_n, ρ_{n-1}, $\rho_{n-2} \ldots \rho_2$, ρ_1, ρ_0 für $w = u_1$ und für $w = u_2$ aufgestellt. Diese Schreibweise ist zugleich mit den untereinander geschriebenen Funktionen wie auch mit den Krümmungsradien der Tangentenlinien in einer schematischen Abbildung in Übereinstimmung. Und es versteht sich, daß auch hier von *vollständigen* und *unvollständigen*

w	$= u_1$	$(<)$	u_2
ρ_n	$= r'_n$		r''_n
ρ_{n-1}	$= r'_{n-1}$		r''_{n-1}
ρ_{n-2}	$= r'_{n-2}$		r''_{n-2}
. . . .			
ρ_2	$= r'_2$		r''_2
ρ_1	$= r'_1$		r''_1
ρ_0	$= r'_0$	$=$	r''_0
	I		II

13. Budans Lehrsatz

Reihen die Rede ist, je nachdem die Glieder wohl oder nicht alle von Null verschieden sind.

Man wird nun ohne Bedenken den folgenden Lehrsätzen beistimmen können.

I. Wenn die Werte einer algebraischen Funktion und ihrer Ableitungen für $w = u_2$ alle dieselben Vorzeichen haben wie für $w = u_1$, so hat keine dieser Funktionen eine Wurzel zwischen u_1 und u_2.

Denn die Tangentenlinie passiert keinen einzigen Nullpunkt.

II. Wenn in den beiden Reihen von Werten der Funktionen für $w = u_1$ und für $w = u_2 (> u_1)$ die Anzahl der Zeichenwechsel zwar dieselbe, jedoch die Ordnung verschieden ist, so sind die verschobenen Zeichenwechsel in der Reihe II ($w = u_2$) immer nach der ursprünglichen Funktion (also nach oben) hin gerückt. Die ursprüngliche Gleichung hat weder reelle noch komplexe Wurzeln zwischen u_1 und u_2, während in den Ableitungen für jede Stelle, um die ein Zeichenwechsel hinaufgerückt ist, eine reelle Wurzel vorkommt.

Denn nur wenn die Tangentenlinie eine Spitze mit Bogen passiert, geht ein Zeichenwechsel auf eine andere Evolvente über und dann immer auf die nächstfolgende.

III. Ist die Anzahl der Zeichenwechsel in beiden Reihen ungleich, so hat Reihe II immer die geringere Anzahl.

Ob dann die Reihen vollständig oder unvollständig sind, es ist nach § 12 V in jeder Reihe die *Gesamtzahl* der *Zeichenwechsel* immer gleich der Anzahl der Wurzeln, die größer sind als der betreffende Wert von w. Und es ist einleuchtend, daß die Differenz in Anzahl der Zeichenwechsel in beiden Reihen von den zwischen u_1 und u_2 liegenden — reellen wie komplexen — Wurzeln, aber auch, falls Reihe II unvollständig ist, von Wurzeln, welche den reellen oder den geometrischen Wert u_2 haben, herrührt.

Wenn also Reihe II vollständig ist, hat die ursprüngliche Gleichung ebenso viele Wurzeln zwischen u_1 und u_2, wie die Anzahl der in diesem Intervall verlorenen Zeichenwechsel beträgt (*Budan's* Lehrsatz).

Ist eine ungerade Anzahl Zeichenwechsel verloren, so ist wenigstens *eine* dieser Wurzeln reell.

IV. Wenn in Reihe II die letzten m Glieder ($r''_n, r''_{n-1} \cdots r''_{n-m+1}$) gleich Null sind, ist die Anzahl der Wurzeln zwi-

36 II. Kreisevolventen und ganze algebraische Funktionen

schen u_1 und u_2 der ursprünglichen Gleichung m weniger als die Gesamtzahl der verlorenen Zeichenwechsel.

Die Gleichung hat eine m-fache Wurzel u_2.

V. Wenn in Reihe II m aufeinanderfolgende Glieder in der Mitte Null sind, so findet man die Anzahl der Wurzeln der ursprünglichen Gleichung zwischen u_1 und u_2, indem man die Anzahl der verlorenen Zeichenwechsel vermindert:

1. um $2p$, wenn $m = 2p$ ist;
2. um $2p$, wenn $m = 2p + 1$ ist und die m Nullen zwischen zwei Gliedern mit ungleichen Vorzeichen liegen;
3. um $2p + 2$, wenn $m = 2p + 1$ ist und die Nullen zwischen zwei Gliedern mit gleichen Vorzeichen liegen.

Die Gleichung hat in diesen drei Fällen bzw. p, p und $p + 1$ Paare komplexer Wurzeln mit dem geometrischen Wert $w = u_2$ (§ 12 II, III und IV).

14. Änderung der Nullinie. Beim Lesen des vorigen Paragraphen muß wohl der Gedanke erwacht sein, daß man mit Hilfe der Werte $r'_n, r'_{n-1} \cdots r'_2, r'_1, r'_0$ für die Krümmungsradien der Tangentenlinie, die einem Drehungswinkel $w = u$ in bezug auf die Nullinie entspricht, die Gleichung einer n^{ten} Kreisevolvente aufschreiben kann, wie dieselbe aussehen muß, wenn man *diese* Tangentenlinie als Nullinie annimmt. Die Koeffizienten der neuen Gleichung sind dann

$$\frac{r'_0}{n!}, \frac{r'_1}{(n-1)!} \cdots \frac{r'_{n-2}}{2!}, \frac{r'_{n-1}}{1}, r'_n,$$

während die Drehungswinkel einer wandernden Tangentenlinie in bezug auf diese neue Nullinie natürlich nicht w, sondern $w - u$ heißen müssen.

Verwirklichen wir diesen Gedanken, so kommen wir zu dem Schlusse, daß die beiden Gleichungen

$$\text{I } \rho_n = \frac{r_0}{n!} w^n + \frac{r_1}{(n-1)!} w^{n-1} + \cdots + \frac{r_{n-2}}{2!} w^2 + \frac{r_{n-1}}{1} w + r_n,$$

$$\text{II } \rho_n = \frac{r'_0}{n!}(w-u)^n + \frac{r'_1}{(n-1)!}(w-u)^{n-1} + \cdots + \frac{r'_{n-2}}{2!}(w-u)^2$$
$$+ \frac{r'_{n-1}}{1}(w-u) + r'_n$$

dieselbe n^{te} Kreisevolvente vorstellen, daß also beide Gleichungen für jeden Wert von w dieselben Werte für ρ_n geben, kurz, daß die Gleichungen I und II *identisch* und nur ihrer

14. Änderung der Nullinie

Form nach verschieden sind. Und wer sich die Mühe nicht verdrießen lassen will, sei es nur für einen bestimmten Wert von n, in Gleichung I und in ihre Ableitungen $w = u$ zu setzen und die so erhaltenen Formeln für $r'_n, r'_{n-1} \cdots r'_2, r'_1, r'_0$ in die Gleichung II einzutragen, der sieht den Buchstaben u verschwinden und bekommt die Gleichung I wieder zurück.

Aus der Identität der Gleichungen I und II können wir eine Folgerung ziehen, die bei der wirklichen Berechnung der Wurzeln algebraischer Gleichungen höheren Grades von größtem Gewicht ist.

Wenn man nämlich die Gleichung II durch $w - u$ dividiert, ist der Rest der Division r'_n. Diesen Rest muß man nun auch bekommen, wenn man die Gleichung I durch $w - u$ dividiert.

Wird der Quotient wieder durch $w - u$ dividiert, so gibt Gleichung II r_{n-1} als Rest; bei der dritten Division erhält man $\frac{r'_{n-2}}{2!}$ usw., und diese nämlichen Reste muß auch Gleichung I bei allen diesen Divisionen geben.

Man bekommt also bei wiederholter Division der Gleichung einer n^{ten} Kreisevolvente durch $w - u$ als Reste die Koeffizienten der *Gleichung in* $(w - u)$ derselben Evolvente, wenn sich die Nullinie darin um einen Winkel, dessen Arkus $= u$ ist, gedreht hat, und zwar nach *rechts*, wenn u eine *positive*, nach *links*, wenn u eine *negative* Zahl ist.

Durch Multiplikation dieser Reste, von dem dritten an, mit 2!, 3! usw. findet man die Krümmungsradien der neuen Nullinie oder die Werte der ursprünglichen Funktion und ihrer Ableitungen für $w = u$.

Diese Methode, um jene Größen für $w = u_1, u_2, u_3$ usw. zu bestimmen, ist weit einfacher und bequemer als die Berechnung durch Substitution von $w = u_1, u_2, u_3$ usw. in die ursprüngliche Gleichung und in ihre Ableitungen, zumal wenn man die abgekürzte Rechnungsart anwendet, die man in vielen Lehrbüchern finden kann, wenn der Divisor ersten Grades ist.

So kann man durch ziemlich einfache Berechnungen die Tangentenlinie bei ihrer Wanderung durch die Kreisevolventen hindurch, wenn auch nicht von Punkt zu Punkt, so doch mit größeren oder kleineren Intervallen verfolgen.

38 II. Kreisevolventen und ganze algebraische Funktionen

Betrachten wir beispielsweise die Gleichungen

$$\rho_5 = w^5 - 6w^4 - 4w^3 + 62w^2 - 133w + 180$$
$$\rho_4 = 5w^4 - 24w^3 - 12w^2 + 124w - 133$$
$$\rho_3 = 20w^3 - 72w^2 - 24w + 124$$
$$\rho_2 = 60w^2 - 144w - 24$$
$$\rho_1 = 120w - 144$$
$$\rho_0 = 120,$$

die eine ganze algebraische Funktion 5ten Grades mit ihren 5 Ableitungen und zugleich einen Kreis mit 5 Evolventen vorstellen, so sehen wir zunächst, daß die ursprüngliche Gleichung 4 positive Wurzeln (einschl. eventueller komplexen Wurzeln) und eine negative Wurzel hat, weil die Glieder 4 Zeichenwechsel und eine Zeichenfolge zeigen.

Dividiert man nun die Gleichung wiederholt durch $w-1$, so findet man für die Gleichung in $w-1=w_1$:

$$\rho_5 = w_1^5 - w_1^4 - 18w_1^3 + 24w_1^2 - 40w_1 + 100,$$

und weil alle Glieder dieser Gleichung dieselben Vorzeichen haben wie in der ursprünglichen Gleichung, so passiert die Tangentenlinie bei der Drehung von $w=0$ bis $w=+1$ keinen einzigen Nullpunkt.

Dividiert man jetzt die Gleichung in $w-1=w_1$ wieder durch w_1-1, d. h. läßt man sich die Tangentenlinie abermals um $+1$ drehen, so bekommt man für die Gleichung in $w-2=w_2$

$$\rho_5 = w_2^5 + 4w_2^4 - 12w_2^3 - 26w_2^2 - 45w_2 + 66.$$

Die Glieder zeigen jetzt nur zwei Zeichenwechsel. Also hat die Tangentenlinie entweder zwei äußere Nullpunkte oder eine Spitze mit Schleife passiert. Es liegen folglich zwei Wurzeln der ursprünglichen Gleichung zwischen $+1$ und $+2$

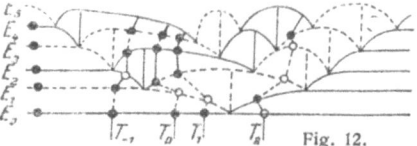

Fig. 12.

Die Fig. 12 ist die schematische Abbildung eines Kreises mit 5 Evolventen, worin die Tangentenlinien T_0, T_1 und T_2 die nämlichen Zeichenwechsel und Zeichenfolgen zeigen wie die Glieder der

14. Beispiel. — 15. Das Zeichnen der Nullinie

Gleichungen in w, $w - 1$ und $w - 2$, in der Voraussetzung, daß die zwei Wurzeln zwischen $w = +1$ und $w = +2$ beide reell sind. Man sieht jedoch, daß entweder in E_5 oder in E_4 der Bogen zwischen T_1 und T_2 sich in eine Schleife umwandeln kann, ohne daß dadurch in die Zeichenwechsel und Zeichenfolgen dieser Tangentenlinien irgendeine Änderung kommt. Um zu ermitteln, ob die beiden Wurzeln zwischen $+1$ und $+2$ vielleicht imaginär sind, kann man dieses Intervall näher untersuchen, indem man die Tangentenlinie mit kleineren Schritten — etwa um 0,1 — vorwärts gehen läßt. Man kann auch durch Anwendung einer ziemlich umständlichen von Sturm ersonnenen Methode, die wir in § 16 kurz erörtern werden, über die Anwesenheit komplexer Wurzeln überhaupt Sicherheit bekommen. Am bequemsten aber lernt man meistens die Natur der zwischen bestimmten Grenzen liegenden Wurzeln kennen, wenn man die Kreisevolvente in ihrer wahren Gestalt *zeichnet*, wie in dem folgenden Paragraphen näher gezeigt werden wird.

In der Fig. 12 stellt T_{-1} die Tangentenlinie für $w = -1$ vor, entsprechend der Gleichung in $w + 1$.

15. Direkte Bestimmung der reellen Wurzeln von Gleichungen höheren Grades mittels der Kreisevolventen. Wenn die gegebene Gleichung vollständig ist, kann die Nullinie auf die in § 9 angegebene Weise sofort gezeichnet werden.

Ist die Gleichung unvollständig, so fehlen in der Nullinie die entsprechenden Glieder, und es fragt sich, wie die beiden Krümmungsradien, die dann einen uneigentlichen Zeichenwechsel oder eine uneigentliche Zeichenfolge bilden, und die wir mit ρ_k und $\rho_{k+\alpha}$ bezeichnen wollen, aneinander schließen.

Man kann sich dabei der folgenden von Lill[1]) für einen ähnlichen Fall angegebenen Regel bedienen. Es weise im nebenstehenden Quadrat der Pfeil der Seite 0 die Richtung von ρ_k, vom Krümmungszentrum nach dem beschreibenden Punkte hin gerechnet, an; zeigen dann ρ_k und $\rho_{k+\alpha}$ einen *Zeichenwechsel*, so hat $\rho_{k+\alpha}$ für $\alpha = 4\lambda$, $4\lambda + 1$, $4\lambda + 2$, $4\lambda + 3$ bzw. *dieselbe*

---

1) Comptes rendus LXV, 854. Lill, Résolution graphique des équations numériques d'un degré quelconque.

40 II. Kreisevolventen und ganze algebraische Funktionen

Richtung wie die Seite 0, 1, 2, 3 und bei einer *Zeichenfolge* die *entgegengesetzte* Richtung.

Hat man die Nullinie aus den Krümmungsradien $r_0, r_1 \cdots r_n$ zusammengesetzt, so sind die Kreisevolventen, die der gegebenen Gleichung und ihren Ableitungen entsprechen, vollständig bestimmt.

Um sie zu zeichnen, erinnern wir uns der schon in § 1 erwähnten Anschauung, daß die Evolvente einer Kurve entsteht, wenn ein Punkt einen Kreis beschreibt, dessen Radius sich allmählich verlängert oder verkürzt, indem das Zentrum die Kurve durchläuft.

Man zieht nämlich mit dem Radius r_0 den Kreis und beschreibt mit dem Krümmungsradius r_1 einen kleinen Kreisbogen, der dann praktisch als ein Stückchen der ersten Evolvente E_1 betrachtet werden kann. Hält man nun den Zirkelschenkel, mit dem der kleine Kreisbogen beschrieben ist, fest und versetzt man die Spitze des anderen Schenkels ein wenig auf dem Kreise, indem man die Zirkelöffnung etwas größer oder kleiner macht, so kann man an eine der beiden Seiten wieder ein Stückchen von E_1 anfügen, usw. Auf diese Weise kann man jede Evolvente mit großer Genauigkeit zeichnen, wenn die Zentren der aneinander schließenden Kreisbogen nur gehörig dicht gedrängt angenommen werden und wenn man sorgfältig darauf achtet, daß die Verbindungslinie der beiden Zirkelspitzen stets die Richtung der längs der Kurve fortrollenden Tangente behält.

In § 14 haben wir gesehen, wie man die Krümmungsradien jeder Tangentenlinie, die einen beliebigen Winkel mit der Nullinie bildet, berechnen kann. Es versteht sich, daß man bei der Zeichnung der Kreisevolventen, die einer gegebenen Funktion entsprechen, ebensogut von einer solchen Tangentenlinie wie von der ursprünglichen Nullinie ausgehen kann. Und wenn man zwei solche Tangentenlinien gezeichnet hat — was theoretisch absolut genau geschehen kann —, so können die dazwischen liegenden Kurventeile nahezu fehlerlos dargestellt und die sich etwa darin befindenden Wurzelpunkte mit sehr großer Präzision bestimmt werden.

So sind in Fig. 13 die Kreisevolventen der in § 14 behandelten Gleichungen zwischen den Tangentenlinien T_1 und T_2 der schematischen Fig. 12 in ihrer wahren Gestalt ge-

15. Das Zeichnen der Evolventen

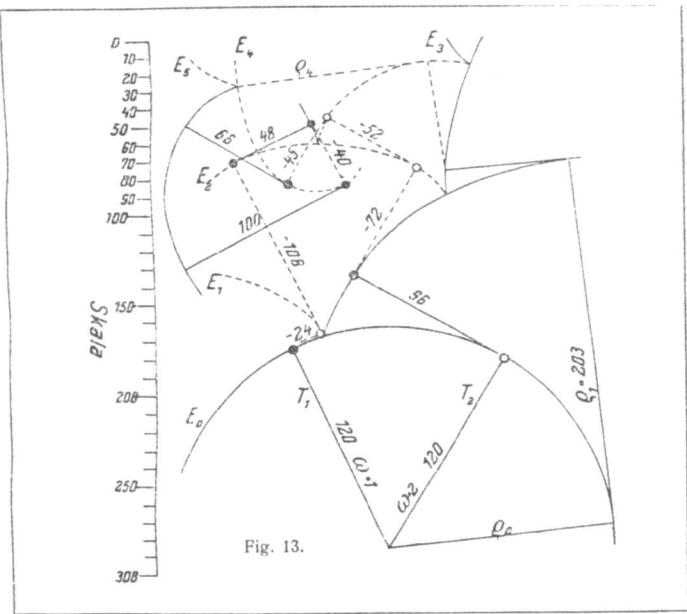

Fig. 13.

zeichnet. Weil der Arkus des Drehungswinkels von T_2 um 1 größer ist als von T_1, so bilden diese Tangentenlinien im Kreiszentrum einen Winkel von 57° 18′. Wir sehen sofort, daß E_4 eine freie Schleife bildet, so daß wir jetzt durch eine leicht auszuführende Konstruktion mit Bestimmtheit wissen, daß die beiden Wurzeln zwischen $w = +1$ und $w = +2$ *sekundäre* komplexe Wurzeln sind.

Beim Zeichnen bemerkt man auch, daß E_5 bald eine Spitze bilden wird, wenn man die Drehung der Tangentenlinie noch etwas weiter als T_2 fortsetzt. Dies ist in Fig. 13 geschehen. Zeichnet man die Tangentenlinie von dieser Spitze an bis zum Kreiszentrum, so ist der Arkus des Drehungswinkels, den eine Tangentenlinie durchwandern muß, um von der Nullinie an in diese Lage zu kommen, der entsprechende Wurzelwert der ursprünglichen Gleichung. Durch Messung des Winkels, den diese Tangentenlinie mit T_1 oder T_2 bildet, könnten wir also jene Wurzel finden.

42 II. Kreisevolventen und ganze algebraische Funktionen

Weit bequemer ist es jedoch, die Länge des dieser Tangentenlinie angehörigen Krümmungsradius ρ_1 zu messen und diesen Wert in die Gleichung der ersten Evolvente E_1 einzutragen. Man findet $\rho_1 = +203,$

und mit diesem Wert gibt die Gleichung
$$203 = 120w - 144$$
$$w = 2.9.$$

Wenn diese Zahl der wahre Wurzelwert ist, muß in der Gleichung von E_5 in bezug auf diese Tangentenlinie als Nullinie das letzte Glied, das immer den Wert r_5 von ρ_5 in der Nullinie vorstellt, gleich Null sein. Man findet aber für die Gleichung in $w - 2.9 = w_3$:

$$\rho_5 = w_3^5 + 8.5 w_3^4 + 10.5 w_3^3 - 31.67 w_3^2 - 106.0155 w_3 - 1.09311.$$

Es ergibt sich also, daß in der Tangentenlinie für $w = 2.9$ das letzte Glied nicht $= 0$, sondern $= -1.09311$ ist. Und weil in der Tangentenlinie T_2 für $w = 2$ der r_5 gleich $+66$ ist, hat die Tangentenlinie beim Fortschreiten von $w = 2$ bis $w = 2.9$ den Wurzelpunkt *passiert*: die Spitze liegt nicht genau im Endpunkte des in der Figur gezogenen Krümmungsradius ρ_4, sondern um etwa eine Längeneinheit zurück.

Nun ist die in unserer Figur gebrauchte Längeneinheit ungefähr $^1/_4$ mm. Man spürt wohl, daß wir hiermit die Grenze der Genauigkeit, die von einer geometrischen Auflösung erwartet werden darf, nahezu erreicht haben. Es ist ohnehin viel wert, daß man schon beim Zeichnen der Kreisevolventen sogleich imstande ist, angenäherte Werte der reellen Wurzeln zu finden, wie solche auf algebraischem Wege oft erst nach wiederholten Prüfungen erhalten werden.

Bezeichnen wir den Arkus des kleinen Winkels, um den die Tangentenlinie zurückgedreht werden muß, um genau durch den Wurzelpunkt zu gehen, mit Δw und betrachten wir den kleinen Bogen, den der beschreibende Punkt von ρ_4 dabei über E_4 durchläuft als einen Kreisbogen, dessen Radius der Krümmungsradius ρ_4 für $w = 2.9$ also $= 106{,}0155$ ist, so kann man annehmen, es sei

$$\Delta w = \frac{1.09311}{106.0155} = 0.0103\ldots$$

Denkt man sich die Tangentenlinie um diesen Betrag zurückgedreht, so muß sie sich notwendig dem Wurzelpunkt genähert haben, ohne denselben jedoch erreichen zu können; denn bei dieser Drehung verkürzt sich ρ_4. Wir haben folglich für den Radius des kleinen Bogens einen *zu großen* Wert genommen, mithin für Δw einen *zu kleinen* Wert erhalten. Man kommt immerhin mit

$$w = 2.9 - 0.0103\ldots = 2.8897\ldots$$

der wahren Wurzel näher.

Dieses Mittel um einen annähernd bekannten Wurzelwert zu verbessern, rührt von *Newton* her. Bei der Anwendung können verschiedene Fälle vorkommen, die jedoch bei gehörigem Nachdenken keine Schwierigkeiten veranlassen werden.

Die Newtonsche Annäherungsformel, kombiniert mit dem von *Horner* angegebenen Verfahren, um die Dezimalstellen des gesuchten Wurzelwertes *einzeln* zu bestimmen, ergibt eine treffliche praktische Methode zur Berechnung der reellen Wurzeln in jedem erwünschten Genauigkeitsgrad. Darauf kann jedoch hier nicht näher eingegangen werden.

Das vorstehende Beispiel möge genügen, um zu zeigen, wie die Kreisevolventen bei der wirklichen Auflösung von Gleichungen höheren Grades nützen können.

16. Mehrfache Wurzeln. Sturmsche Funktionen.

Beim Zeichnen der Kreisevolventen kann es vorkommen, daß zwei oder mehrere Spitzen von E_n so nahe beieinander zu liegen kommen, daß man die Möglichkeit annehmen kann, diese Nullpunkte müßten in Wirklichkeit einen mehrfachen Nullpunkt bilden. Es besteht ein einfaches Mittel, hierüber Sicherheit zu bekommen.

Wir wissen nämlich, daß, wenn die Gleichung in der Tat eine m-fache Wurzel u hat, u eine $(m-1)$-fache Wurzel der ersten Ableitung ist. Dann müssen aber die Funktion und ihre Ableitung beide durch $(w-u)^{m-1}$ teilbar sein, d. h. $(w-u)^{m-1}$ ist ein gemeinschaftlicher Divisor der Funktion und ihrer Ableitung. Ergibt sich aus der Untersuchung, daß diese beiden Funktionen wirklich einen gemeinschaftlichen Divisor haben, so findet man dafür im allgemeinen eine Funktion k^{ten} Grades in w und es kommt offenbar nur darauf an, diese Funktion in k Faktoren $(w-u_1), (w-u_2)\cdots(w-u_k)$

zu zerlegen, wodurch man ebensoviele Wurzelwerte $u_1, u_2 \cdots u_k$ der ursprünglichen Gleichung kennen lernt. Sind diese alle verschieden, so hat die Gleichung k *zweifache* Wurzeln. Sind $2, 3 \cdots \alpha$ dieser Werte einander gleich, so hat die Gleichung eine *drei-, vier-* $\cdots$ ($\alpha + 1$)-fache Wurzel.

Um die Faktoren zu finden, behandelt man den gefundenen gemeinschaftlichen Divisor wie eine Gleichung k^{ten} Grades und sucht deren Wurzeln auf, wobei die Kreisevolventen wieder helfen können.

Das Verfahren für die Bestimmung des größten gemeinschaftlichen Divisors der gegebenen Funktion und ihrer Ableitung besteht bekanntlich darin, daß man die erste Funktion durch die zweite, dann diese letzte durch den Rest dividiert und so weitergeht, bis eine Division aufgeht — in welchem Falle der letzte Divisor der gesuchte gemeinschaftliche Divisor ist — oder bis bloß eine Zahl als Rest übrig bleibt — in welchem Falle die gegebenen Funktionen keinen gemeinschaftlichen Divisor haben (Kettendivision).

Die aufeinanderfolgenden Reste der sukzessiven Divisionen sind untereinander und mit der gegebenen Funktion und ihrer Ableitung derart verknüpft, daß dieselben, wie Sturm gezeigt hat, benutzt werden können, um mit Sicherheit zu erfahren, wieviel reelle Wurzeln und wieviel Paare komplexer Wurzeln eine gegebene Gleichung hat. Bei der Erörterung hiervon können die Kreisevolventen und namentlich ihre schematischen Darstellungen wieder gute Dienste leisten.

Wir setzen voraus, daß die Gleichung keine mehrfachen Wurzeln hat, daß also, wenn ein größter gemeinschaftlicher Divisor gefunden war, die Gleichung durch denselben dividiert ist, wodurch man eine neue Gleichung mit denselben Wurzelwerten wie die ursprüngliche Gleichung bekommt, jedoch *alle* als *einfache* Wurzeln.

Denken wir uns die Kreisevolventen, die solch einer Gleichung entsprechen, so wissen wir, daß die wandernde Tangentenlinie je einen Zeichenwechsel verliert beim Passieren der *äußeren Spitzen* oder *reellen Wurzelwerte* und alle übrigen Zeichenwechsel beim Passieren von *Spitzen mit Schleifen*, d. h. der geometrischen Werte der *komplexen Wurzeln*.

Könnte die Tangentenlinie beim Passieren von Spitzen mit Schleifen ihre Zeichenwechsel *behalten*, dann wären alle

16. Mehrfache Wurzeln. Sturmsche Funktionen 45

Zeichenwechsel, welche die Tangentenlinie in den rechten Spiralen weniger hat als in den linken, beim Passieren von äußeren Spitzen verloren gegangen. Hätten wenigstens in den Spitzen mit Schleifen ebenso wie in den Spitzen mit Bogen die Krümmungsradien der vorhergehenden und der folgenden Evolvente nur entgegengesetzte Vorzeichen! Es würden dann beim Passieren der inneren Spitzen gar keine Zeichenwechsel verloren gehen.

Es versteht sich, daß derartige Bedingungen in einer Reihe *zusammengehöriger* Kreisevolventen nicht erfüllt werden können. Man kann sich aber sehr wohl eine Reihe *nicht zusammengehöriger* Kreisevolventen vorstellen und *schematisch* entwerfen, die die Eigenschaft haben, daß eine wandernde Tangentenlinie *nur* in den äußeren Spitzen Zeichenwechsel verliert.

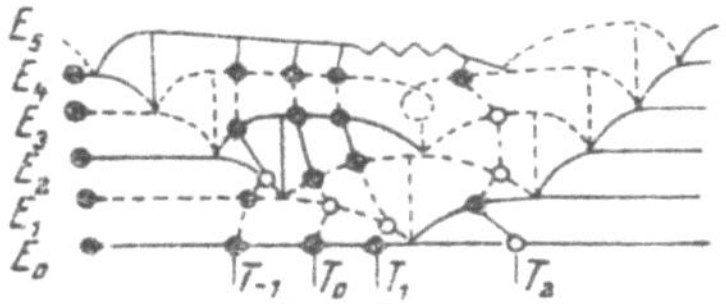

Nehmen wir z. B. die Gleichungen des § 14. Aus der Zeichnung der Fig. 13 (§ 15) ergab sich, daß E_5 drei reelle

Fig. 14.

und ein Paar komplexer Wurzeln hat. Die schematische Abbildung Fig. 12, die wir einstweilen entworfen hatten, muß also abgeändert werden, etwa wie Fig. 14 zeigt. Hierin hat die Evolvente E_3 eine Spitze zwischen zwei negativen Krümmungsradien von E_4 und E_2, folglich verliert die Tangentenlinie dort zwei Zeichenwechsel. Wir ersetzen nun aber die Evolvente E_2 durch eine andere E_2, deren Krümmungsradius an dieser Stelle *positiv* ist, während er auch unter den beiden andern Spitzen von E_3 positiv bleibt. Dies ist in Fig. 15a geschehen. Es muß jetzt eine E_1 entworfen werden, deren Krümmungsradius unter der ersten Spitze von E_2 positiv und unter der

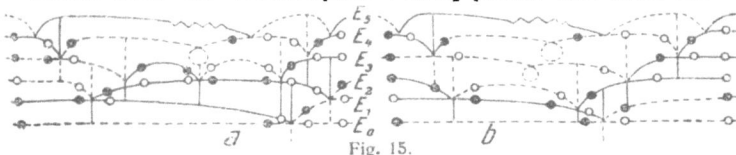

Fig. 15.

zweiten negativ ist. Und weil dann die Spitze von E_1 unter einem positiven ρ_2 zu liegen kommt, so muß ρ_0 negativ werden.

Eine andere Weise, um dasselbe Ergebnis zu erhalten, zeigt

Fig. 15 b. Solche beliebigen herbeigezogenen Kreisevolventen können in Figuren, wo die Evolventen in ihrer wahren Gestalt gezeichnet sind, wie in Fig. 13, selbstverständlich nicht aufgenommen werden. Das braucht aber auch nicht, weil dieselben bei der Bestimmung der Wurzelwerte keine Rolle spielen und nur die Aufgabe haben, die Zeichenwechsel, die nicht in den äußeren Spitzen in Zeichenfolgen übergehen, für die Tangentenlinie zu behalten, indem an *jeder* inneren Spitze ein Zeichenwechsel und eine Zeichenfolge in der Tangentenlinie ihre Plätze wechseln, wie wenn dieselbe jedesmal eine Spitze mit Bogen wäre.

Wir erblicken dann auch in Fig. 15 a und b, daß die Tangentenlinie in den rechten Spiralen drei Zeichenwechsel weniger hat wie in den linken, im Einklang mit den drei reellen Wurzeln der Gleichung.

In unserem Beispiele konnten wir leicht solche *Hilfsevolventen* in der schematischen Zeichnung anbringen, weil wir die Anzahl der reellen Wurzeln kannten. Und wir können uns auf diese Weise davon überzeugen, daß es immer geeignete Hilfsevolventen — mithin auch *Hilfsfunktionen* — gibt, die dem Zwecke entsprechen. Wir beabsichtigen aber eben die Anzahl der reellen Wurzeln einer gegebenen Gleichung mittels solcher Hilfsfunktionen kennen zu lernen. Es fragt sich also, wie man sich eine Reihe derartiger Funktionen herstellen kann, wenn von der gegebenen Gleichung nichts anderes bekannt ist, als daß sie keine mehrfachen Wurzeln hat. Und dazu benutzen wir nun die aufeinanderfolgenden Reste, die man bekommt, wenn man das Verfahren zur Bestimmung des größten gemeinschaftlichen Divisors auf die gegebene Funktion $\rho_n = f(w)$ und ihre Ableitung $\rho_{n-1} = f_1(w)$ anwendet.

Nennt man die Quotienten der Reihe nach $p_1, p_2 \cdots$ und die Reste $R_1, R_2 \cdots$, so hat man die identischen Gleichungen:

$$f(w) = p_1 f_1(w) + R_1$$
$$f_1(w) = p_2 R_1 + R_2$$
$$R_1 = p_3 R_2 + R_3$$
$$R_2 = p_4 R_3 + R_4$$
$$R_3 = p_5 R_4 + R_5 \quad \text{usw.}$$

Wird nun $\rho_{n-1} = f_1(w)$ gleich Null für einen Wert $w = u$

und setzt man diesen Wert von w in die erste Identität, so bekommt der Rest R_1 denselben Wert, mithin auch dasselbe Vorzeichen wie $\rho_n = f(w)$. Dann ist aber $-R_1$ eine Funktion von w, die für $f_1(w) = 0$ oder $w = u$ einen Wert mit dem entgegengesetzten Vorzeichen von $f(w)$ bekommt. Also ist

$$\rho_{n-2} = -R_1$$

eine erste Hilfsfunktion, so wie wir dieselbe brauchen, denn es haben ρ_n und ρ_{n-2} entgegengesetzte Vorzeichen, wenn $\rho_{n-1} = 0$ ist. Ebenso ist

$$\rho_{n-3} = -R_2$$

eine zweite Hilfsfunktion, indem in der zweiten Identität $f_1(w)$ und R_2 gleiche, mithin ρ_{n-1} und ρ_{n-3} entgegengesetzte Vorzeichen bekommen für einen Wert von w, der R_1 oder ρ_{n-2} gleich Null macht.

Als dritte Funktion kann

$$\rho_{n-4} = +R_3$$

genommen werden, denn für $\rho_{n-3} = -R_2 = 0$ ist $R_1 = R_3$, also haben dann $\rho_{n-1} = -R_2$ und $\rho_{n-4} = +R_3$ wieder entgegengesetzte Vorzeichen. Auf diese Weise findet man für die folgenden Funktionen:

$$\rho_{n-5} = +R_4$$
$$\rho_{n-6} = -R_5$$
$$\rho_{n-7} = -R_6$$
$$\rho_{n-8} = +R_7 \quad \text{usw.,}$$

bis schließlich $\rho_0 = (\pm) R_{n-1}$ den Radius eines Kreises, also eine von w unabhängige Größe gibt.

Hat man diese „*Sturmschen*" Funktionen alle untereinander geschrieben, so kann man folgenderweise leicht auf die Anzahl der reellen Wurzeln der ursprünglichen Gleichung

$$f(w) = 0$$

schließen. Wir haben dabei stets im Gedächtnis zu halten, daß die Hilfsevolventen, die den Sturmschen Funktionen entsprechen, nicht durch sukzessive Ab- und Aufwickelungen aus einem einzigen Kreise hervorkommen; es stammt vielmehr jede Evolvente aus einem *eignen* Kreise her, den wir deshalb mit gutem Fug ihren „*Stammkreis*" nennen können.

Wir bedenken dann zunächst, daß in jeder Kreisevolvente der Krümmungsradius in der rechten Spirale dasselbe Vorzeichen hat wie der Radius ihres Stammkreises. Und weil der Koeffizient des ersten Gliedes der entsprechenden Gleichung sein Vorzeichen dem nämlichen Kreisradius verdankt, so ist das Vorzeichen des ersten Gliedes jeder Sturmschen Funktion dasselbe wie das Vorzeichen in der rechten Spirale der entsprechenden Evolvente. Folglich ist auch die Anzahl der Zeichenwechsel in den ersten Gliedern der aufeinanderfolgenden Sturmschen Funktionen gleich der Anzahl der Zeichenwechsel in den rechten Spiralen der entsprechenden Evolventen.

Um die Anzahl der Zeichenwechsel in den linken Spiralen zu bestimmen, muß man die Vorzeichen der ersten Glieder mit *ungeradem* Exponent *umkehren*, weil ja in diesen Evolventen das Vorzeichen der linken Spirale dem Vorzeichen des Stammkreises, mithin auch dem des ersten Gliedes entgegengesetzt ist. Soviele Zeichenwechsel die ersten Glieder der Sturmschen Funktionen *dann* zeigen, soviele Zeichenwechsel hat auch die Tangentenlinie in den linken Spiralen.

Die Differenz beider Zahlen gibt die Anzahl der reellen Wurzeln der gegebenen Gleichung.

Die Möglichkeit, daß zwei aufeinanderfolgende Sturmsche Funktionen für denselben Wert von w gleich Null werden, wodurch das Ergebnis fehlerhaft sein könnte, braucht man nicht zu befürchten; denn aus den identischen Gleichungen zwischen den Funktionen erhellt, daß für solch einen Wert von w zugleich alle andern Funktionen, also auch $f(w)$ und $f_1(w)$ gleich Null sein müßten, was mit der Voraussetzung, die ursprüngliche Gleichung habe keine mehrfachen Wurzeln, im Widerspruch wäre.

Es kann aber wohl vorkommen, daß die Sturmschen Funktionen nicht vollzählig sind, daß also ihre Anzahl weniger als $n + 1$ ist; und dieser Umstand ist an und für sich schon ein Beweis, daß komplexe Wurzeln anwesend sind, denn es können keine n Zeichenwechsel in Zeichenfolgen übergehen, wenn nur $n - 1$ oder $n - 2$ da sind. Übrigens ist auch in diesem Falle die Anzahl der reellen Wurzeln gleich der Anzahl der Zeichenwechsel, die die Tangentenlinie auf ihrer Wanderung durch die Sturmschen Funktionen verliert.

Sind die Sturmschen Funktionen vollzählig, so kann man diese Regel vereinfachen, indem man berücksichtigt, daß in zwei aufeinanderfolgenden Hilfsevolventen die Vorzeichen der rechten Spiralen mit denen der ersten Glieder der entsprechenden Funktionen übereinstimmen, wogegen von den beiden linken Spiralen die eine dasselbe und die andere das entgegengesetzte Vorzeichen des ersten Gliedes hat. Hieraus ergibt sich, daß, wenn die n Ecken der Tangentenlinie in den rechten Spiralen etwa λ Zeichenwechsel zeigen, die n Ecken in den linken Spiralen λ Zeichenfolgen, mithin $n - \lambda$ Zeichenwechsel haben müssen. Die Anzahl der reellen Wurzeln beträgt dann also $n - 2\lambda$.

Wenn der Leser das Verfahren mit den Sturmschen Funktionen auf die Gleichung des § 14 anwendet, wird er erfahren, wieviel schneller wir über die Art der Wurzeln unterrichtet wurden, als wir die in Fig. 13 abgebildeten Kreisevolventen zeichneten. Auch wird er sich überzeugen können, daß den gefundenen Funktionen die in Fig. 15b entworfenen Evolventenschemas entsprechen.

Die angegebenen als unverbindlich anzusehenden Preise sind Grundpreise. Die Ladenpreise ergeben sich für den allgemeinen Verlag aus halbierter Grundpreis × Schlüsselzahl des Börsenvereins (Febr. 1923: 2000), für Schulbücher (mit * bezeichnet) aus vollem Grundpreis × besonderer Schlüsselzahl (z. Z. 600

Funktionen, Schaubilder und Funktionstafeln.
Eine elementare Einführung in die graphische Darstellung und in die Interpolation. Von Prof. Dr. *A. Witting*, Oberstudienrat a. Gymnasium z. Heil. Kreuz in Dresden. Mit 26 Fig. im Text, 3 Tafeln u. zahlr. Aufgaben. [IV u. 41 S.] 8. 1922. (Math.-phys. Bibl. Bd. 48.) Kart. M. 1.40

Nach Aufstellung und Erläuterung des Begriffes der Funktionen einer Veränderlichen werden analytisch und graphisch die einfachsten Funktionen durchgenommen, das gerade Verhältnis und die lineare Funktion, das umgekehrte Verhältnis, das quadratische Verhältnis und sein Umkehrung. An diesen fünf Beispielen wird nun die Interpolation genau erläutert und a Funktionstafeln geübt. Zum Schluß ist eine Darstellung der Isotropen gegeben.

Elemente der Funktionentheorie.
Von Dr. *Niels Nielsen*, Prof. a. d Univ. Kopenhagen. [X u. 520 S.] gr. 8. 1911. Geb. M. 15.—

Seine Erfahrung als akademischer Lehrer führt den Verfasser dazu, sich nicht mit der systematischen Darstellung der Theorie zu begnügen, sondern überall, wo es nur möglich war, Übungsaufgaben einzuschalten, um den angehenden Mathematiker zum Selbstdenken, zu eigenen Forschungen zu zwingen.

Funktionentheorie.
Von Dr. *L. Bieberbach*, Prof. an der Universität Berlin. Mit 34 Fig. [IV u. 118 S.] 8. 1922. (TL. 14.) Kart. M. 3.20

Das Werk will in knapper einführender Weise Technikern und Studenten über die Hauptsätze aus der Funktionentheorie komplexer Variabler unterrichten. Dabei finden auch die mehrdeutigen Funktionen eine ihrer Wichtigkeit entsprechende Berücksichtigung. An einigen Beispielen aus Potentialtheorie und Hydrodynamik werden Anwendungsmöglichkeiten beleuchtet.

Lehrbuch der Funktionentheorie.
Von Dr. *L. Bieberbach*, Prof. an der Univ. Berlin. Bd. I: Elemente der Funktionentheorie. Mit 80 Fig. im Text. [VI u. 314 S.] gr. 8. 1921. Geh. M. 8.—, geb. M. 10.—. Bd. II. [In Vorb.

Das Werk gibt eine für die Hand der Studierenden bestimmte Darstellung der modernen Funktionentheorie komplexer Variabler. Der erste Band behandelt unter Verschmelzung Riemannschen und Weierstraßischen Geistes die Elemente der allgemeinen und der speziellen Funktionentheorie, der zweite wird die Auswirkung der Methoden in den modernen funktionentheoretischen Arbeitsgebieten zum Gegenstand haben.

Lehrbuch der Funktionentheorie.
Von Dr. *W. F. Osgood*, Prof. a. d Harvard-Univ. Cambridge, Mass. I. 3. Aufl. Mit 158 Fig. [XII u. 766 S.] gr. 8. 1920. Geh. M. 21.—, geb. M. 24.40 II. [1. Teil u. d. Pr.]

Vorlesungen über Zahlen- und Funktionenlehre.
Von Geh. Hofra Dr. *A. Pringsheim*, Prof. a. d. Univ. München. 2 Bde. I. Bd. I. Abteilung. Reelle Zahlen und Zahlenfolgen. 2. Aufl. [U. d. Pr.] I. Bd. II. Abteilung. Unendliche Reihen mit reellen Gliedern. [VIII u. 514 S.] gr. 8. (TmL 40, 1.) 1916. Geh. M. 9.60, geb. M. 11.—. I. Bd. III. Abteilung. Komplexe Zahlen Reihen mit komplexen Gliedern, unendliche Produkte und Kettenbrüche [IX u. 461 S.] gr. 8. 1921. Geh. M. 17.80, geb. M. 20.60

Funktionenlehre und Elemente der Differential- und Integralrechnung.
Lehrbuch und Aufgabensammlung für technische Fachschuler (höhere Maschinenbauschulen usw.), zur Vorbereitung für die mathematischen Vorlesungen der Technischen Hochschulen sowie für höhere Lehranstalten und zum Selbstunterricht. Von Dr. *H. Grünbaum*, weil. Lehrer am Staatl. Technikum Nürnberg. 5., erw. Aufl. Mit 93 Abb. neu bearb. von Maschinenbauschuloberlehrer Dipl.-Ing. Prof. Dr. *S. Jakobi*, Studienrat der Staatl. Vereinigten Maschinenbauschulen Elberfeld-Barmen. [VIII u. 191 S.] 8. 1921. *M. 3.40

Bardey: Algebraische Gleichungen nebst den Resultaten und den Methoden zu ihrer Auflösung.
6. Aufl. bearb. von Prof. *F. Pietzker*. [XII u. 420 S.] gr. 8. 1922. Geb. M. 10.—

Verlag von B. G. Teubner in Leipzig und Berlin

Die angegebenen als unverbindlich anzusehenden Preise sind Grundpreise. Die Ladenpreise ergeben sich für den allgemeinen Verlag aus halbiertem Grundpreis × Schlüsselzahl des Börsenvereins (Febr. 1923: 2000), für Schulbücher (mit * bezeichnet) aus vollem Grundpreis × besondere Schlüsselzahl (z. Z. 600)

Über den Bildungswert der Mathematik.
Ein Beitrag zur philosophischen Pädagogik. Von Dr. *W. Birkemeier*, Berlin. [VI u. 191 S.] 8. 1923. Geh. M. 9.—, geb. M. 10.—

Die in unseren Tagen wieder lebhaft gewordene Frage nach dem Bildungswert der Mathematik wird in diesem Werk in umfassender und tiefgründiger Weise untersucht. Nach Klärung der Begriffe: Bildung, Bildungswert und Bildsamkeit einerseits und des Wesens der Mathematik andererseits wird dargetan, worin der Wert der Mathematik für die Schulung des Geistes liegt und in welcher Form die ihr eigenen Bildungswerte entfaltet werden können. Werte, die die Mathematik mit ästhetischen und technisch-ökonomischen Fächern gemeinsam sind, werden beleuchtet und die Bedeutung der Mathematik für die allgemeine und berufliche Bildung aufgezeigt.

Der Begriff des Grenzwertes in der Elementarmathematik.
Ein Versuch zur Vertiefung d. math. Unterrichts. Von Dr. *K. Kommerell*, Prof. a. d. Techn. Hochsch. z. Stuttgart. Mit 25 Fig. [IV u. 62 S.] gr. 8. 1922. M. 2.60

Die Schrift zeigt an der Hand vieler der Schulmathematik entnommener Beispiele, daß der Grenzwertbegriff, der in den verschiedensten Fächern der Elementarmathematik sich aufdrängt, in strenger und doch leicht faßlicher Weise schon dort eingeführt werden kann und muß, und der Unterricht so auf eine neuzeitliche Grundlage gestellt und vertieft wird.

Elemente der Mathematik.
Von *E. Borel*, Prof. a. d. Sorbonne in Paris. Vom Verfasser genehmigte deutsche Ausgabe besorgt von Geh. Hofrat Dr. *P. Stäckel*, weil. Prof. a. d. Univ. Heidelberg. 1. Bd.: Arithmetik und Algebra nebst den Elementen der Differentialrechnung. 2. Aufl. Mit 56 Textfiguren und 3 Tafeln. [XVI u. 404 S.] 8. 1919. Geh. M. 10.—, geb. M. 13.20. II. Bd.: Geometrie. Mit einer Einführung in die ebene Trigonometrie. 2. Aufl. Mit 442 Textfiguren und 2 Tafeln. [XVI u. 380 S.] 8. 1920. Geh. M. 9.40, geb. M. 12.40

Grundlehren der Mathematik.
Für Studierende u. Lehrer. In 2 Teilen. Mit vielen Fig. gr. 8. I. Teil: Die Grundlehren der Arithmetik u. Algebra. Bearb. von Geh. Hofrat Dr. *E. Netto*, weil. Prof. an der Univ. Gießen, und Dr. *C. Färber*, weil. Oberrealschulprof. in Berlin. 2 Bände. I. Band: Arithmetik. Von *C. Färber*. Mit 9 Fig. [XV u. 410 S.] 1911. Geb. M. 13.40. II. Band: Algebra. Von *E. Netto*. [XII u. 232 S.] 1915. Geb. M. 18.—. II. Teil: Die Grundlehren der Geometrie. Bearb. von Geh. Reg.-Rat Dr. *W. Frz. Meyer*, Prof. an der Univ. Königsberg, und Realgymnasialdir. Prof. Dr. *H. Thieme*, 2 Bände. I. Band: Die Elemente der Geometrie. Bearb. von *H. Thieme*. Mit 323 Fig. [XII u. 394 S.] 1909. Geb. M. 12.80. II. Band. [In Vorb].

Repertorium der höheren Mathematik.
2., völlig umgearbeitete Aufl. der deutschen Ausgabe. Unter Mitwirkung zahlreicher Mathematiker hrsg. von Dr. *P. Epstein*, Prof. an der Universität Frankfurt a. M., und Dr. *H. E. Timerding*, Prof. an der Techn. Hochschule Braunschweig. 2 Bände in 4 Teilen. 8. I. Band: Analysis. Hrsg. von *P. Epstein* und *R. Rothe*. 1. Hälfte: Algebra, Differential- und Integralrechnung. 3. Aufl. [U. d. Pr.] II. Hälfte in Vorb.] II. Band: Geometrie. Hrsg. v. *H. E. Timerding*. 1. Hälfte: Grundlagen und ebene Geometrie. Mit 54 Fig. [XVI u. 524 S.] 1910. Geb. M. 16.—. II. Hälfte: Raumgeometrie. 2. Aufl. Mit 12 Fig. im Text. [XII u. 628 S.] 8. 1922. Geh. M. 15.60, geb. M. 19.80

Graphische Methoden.
Von Geh. Reg.-Rat Dr. *C. Runge*, Prof. a. d. Univ. Göttingen. 2. Aufl. M. 94 Fig. i. T. [IV u. 130 S.] gr. 8. 1919. (SMPL 18.) Kart. M. 3.60

Verlag von B. G. Teubner in Leipzig und Berlin

Anfragen ist Rückporto beizufügen

Die angegebenen als unverbindlich anzusehenden Preise sind Grundpreise. Die Ladenpreise ergeben sich für den allgemeinen Verlag aus halbiertem Grundpreis × Schlüsselzahl des Börsenvereins (Februar 1923: 2000), für Schulbücher (mit * bezeichnet) aus vollem Grundpreis × besondere Schlüsselzahl (3. 3t. 600)

Aus Natur und Geisteswelt

Jeder Band kartoniert M. 2.—, gebunden M. 3.—

Mathematik

Naturwissenschaften, Mathematik und Medizin im klassischen Altertum. Von Prof. Dr. J. L. Heiberg. 2. Aufl. Mit 2 Figuren. (Bd. 370.)

Einführung in die Mathematik. Von Studienrat W. Mendelssohn. Mit 42 Fig. i. T. (Bd. 503.)

Arithmetik und Algebra zum Selbstunterricht. Von Geh. Studienrat P. Crantz. Mit zahlr. Fig. I. Teil: Die Rechnungsarten. Gleichungen ersten Grades mit einer und mehreren Unbekannten. Gleichungen zweiten Grades. 7. Aufl. Mit 9 Fig. im Text. (Bd. 120.) II. Teil: Gleichungen. Arithmetische und geometrische Reihen. Zinseszins- und Rentenrechnung. Komplexe Zahlen. Binomischer Lehrsatz. 5. Aufl. Mit 21 Textfiguren. (Bd. 205.)

Lehrbuch der Rechenvorteile. Schnellrechnen und Rechenkunst. Von Ing. Dr. J. Bojko. Mit zahlreichen Übungsbeispielen. (Bd. 739.)

Graphisches Rechnen. Von Prof. O. Prölß. Mit 164 Fig. i. Text. (Bd. 708.)

Die graphische Darstellung. Eine allgemeinverständliche, durch zahlreiche Beispiele aus allen Gebieten der Wissenschaft und Praxis erläuterte Einführung in den Sinn und den Gebrauch der Methode. Von Hofrat Prof. Dr. F. Auerbach. 2. Aufl. Mit 139 Fig. i. Text. (Bd. 437.)

Praktische Mathematik. Von Prof. Dr. R. Neuendorff.
I. Teil: Graph. Darstellungen. Verkürzt. Rechnen. Das Rechn. m. Tabellen. Mech. Rechenhilfsmittel. Kaufm. Rechnen im tägl. Leben. Wahrscheinlichkeitsrechnung. 2., verb. Aufl. Mit 29 Fig. u. 1 Taf. (Bd. 341.)
II. Teil: Geom. Zeichnen, Projektionslehre, Flächenmessung, Körpermessung. Mit 133 Fig. (Bd. 526.)

Kaufmännisches Rechnen zum Selbstunterricht. Von Studienrat K. Dröll. (Bd. 724.)

Die Rechenmaschinen u. d. Maschinenrechnen. Von Reg.-Rat Dipl.-Ing. K. Lenz. Mit 43 Abb. (490.)

Maße und Messen. Von Dr. W. Block. Mit 34 Abbildungen. (Bd. 385.)

Einführung in die Vektorrechnung. Von Prof. Dr. F. Jung. (Bd. 668.) [In Vorb. 1923.]

Einführung in die Infinitesimalrechnung mit einer histor. Übersicht. Von Prof. Dr. G. Kowalewski. 3., verb. Aufl. Mit 19 Fig. (Bd. 197.)

Differentialrechnung unter Berücksichtigung der prakt. Anw. in der Technik, mit zahlr. Beisp. u. Aufg. versehen. Von Studienrat Dr. M. Lindow. 4. Aufl. Mit 50 Fig. im Text u. 161 Aufg. (Bd. 387.)

Integralrechnung unter Berücksichtigung d. prakt. Anw. in der Technik, mit zahlr. Beispielen u. Aufgaben versehen. Von Studienrat Dr. M. Lindow. 3. Aufl. Mit 43 Fig. im Text u. 200 Aufg. (Bd. 673.)

Differentialgleichungen, unter Berücksichtigung der praktischen Anwendung in der Technik mit zahlreichen Beispielen und Aufgaben versehen. Von Studienrat Dr. M. Lindow. Mit 38 Figuren im Text und 160 Aufgaben. (Bd. 589.)

Ausgleichungsrechnung nach der Methode der kleinsten Quadrate. Von Geh. Reg.-Rat Prof. E. Hegemann. Mit 11 Figuren im Text. (Bd. 609.)

Planimetrie zum Selbstunterricht. Von Geh. Studienrat P. Crantz. 3. Aufl. Mit 94 Fig. (Bd. 340.)

Ebene Trigonometrie 3. Selbstunterr. Von Geh. Studienrat P. Crantz. 3. Aufl. Mit 50 Fig. (Bd. 431.)

Sphärische Trigonometrie 3. Selbstunterricht. V. Geh. Studienr. P. Crantz. Mit 27 Fig. (Bd. 605.)

Analytische Geometrie der Ebene zum Selbstunterricht. Von Geh. Studienrat P. Crantz. 3. Aufl. Mit 55 Figuren. (Bd. 504.)

Geometrisches Zeichnen. Von Zeichenl. A. Schudeisky. Mit 172 Abb. im Text u. a. 12 Taf. (Bd. 568.)

Einführung in die darstellende Geometrie. Von Prof. P. B. Fischer. Mit 59 Fig. (Bd. 541.)

Projektionslehre. Die rechtwinklige Parallelprojektion und ihre Anwendung auf die Darstellung technischer Gebilde nebst Anh. über d. schiefwinklige Parallelprojektion, in kurzer leichtfaßl. Darst. f. Selbstunterr. u. Schulgebrauch. Von Zeichenlehrer A. Schudeisky. Mit 208 Fig. i. Text. (Bd. 564.)

Grundzüge der Perspektive nebst Anwendungen. Von Prof. Dr. K. Doehlemann. 2., verb. Auflage. Mit 91 Figuren und 11 Abbildungen. (Bd. 510.)

Photogrammetrie. Von Dr.-Ing. H. Lüscher. Mit 78 Fig. im Text u. a. 2 Tafeln. (Bd. 612.)

Mathematische Spiele. Von Dr. W. Ahrens. 4., verb. Aufl. Mit 1 Titelbild u. 78 Fig. (Bd. 170.)

Das Schachspiel und seine strategischen Prinzipien. Von Dr. M. Lange. 3. Aufl. Mit 2 Bildnissen, 1 Schachbrettafel und 43 Diagrammen. (Bd. 281.)

Verlag von B. G. Teubner in Leipzig und Berlin

Anfragen ist Rückporto beizufügen

Die angegebenen als unverbindlich anzusehenden Preise sind Grundpreise. Die Ladenpreise ergeben sich für den allgemeinen Verlag aus halbiertem Grundpreis × Schlüsselzahl des Börsenvereins (März 1923: 2000), für Schulbücher (mit * bezeichnet) aus vollem Grundpreis × besondere Schlüsselzahl (z. Zt. 600).

Teubners
Naturwissenschaftliche Bibliothek

Die Sammlung will Lust und Liebe zur Natur wecken und fördern, indem sie in leichtfaßlicher Weise über die uns umgebenden Erscheinungen aufklärt und die Selbsttätigkeit anzuregen sucht, sei es durch bewußtes Schauen und sorgfältiges Beobachten in der freien Natur oder durch Anstellung von planmäßigen Versuchen daheim. Zugleich soll der Leser einen Einblick gewinnen in das Leben und Schaffen großer Forscher und Denker, durch Lebensbilder, die von Ausdauer, Geduld und Hingabe an eine große Sache sprechen. — Die mit zahlreichen Abbildungen geschmückten Bändchen, die auf einen geordneten Anfangsunterricht in der Schule aufgebaut sind, sind nicht nur für Schüler bestimmt, sie werden auch erwachsenen Naturfreunden, denen daran liegt, die in der Schule erworbenen Kenntnisse zu verwerten und zu vertiefen — vor allem aber Studierenden und Lehrern —, nützlich sein.

Serie A. Für reifere Schüler, Studierende und Naturfreunde.

Alle Bände sind reich illustriert und geschmackvoll gebunden.

Große Physiker. Von Direktor Prof. Dr. Joh. Reserstein. Mit 12 Bildnissen . . . . M. 6.80

Physikalisches Experimentierbuch. V. Studient. Prof. H. Rebenstorff. In 2 Teilen. I. Teil. 2. Aufl. Mit 99 Abb. M. 7.50 II.Teil. Mit 87 Abb. M. 5.60

Chemisches Experimentierbuch. V. Prof. Dr. K. Scheid. In 2 Teilen. I. Teil. 4. Aufl. Mit 77 Abb. M. 6.— II. Teil. 2. Aufl. Mit 51 Abb. M. 6.40

An der Werkbank. Von Prof. G. Gscheidlen. Mit 110 Abbildungen und 44 Tafeln . . . . M. 6.—

Hervorragende Leistungen der Technik. Von Prof. Dr. K. Schreber. M. 56 Abbildungen. M. 5.—

Vom Einbaum zum Linienschiff. Streifzüge auf dem Gebiete der Schiffahrt und des Seewesens. Von Ing. Karl Radunz. Mit 90 Abbildungen. M. 4.—

Die Luftschiffahrt. Von Dr. R. Nimführ. Mit 99 Abbildungen . . . . M. 4.—

Aus dem Luftmeer. Von Oberl. M. Sassenfeld. Mit 40 Abbildungen . . . . M. 4.—

Himmelsbeobachtung mit bloßem Auge. Von Studienrat Franz Rusch. 2. Aufl. Mit 30 Figuren und 1 Sternkarte als Doppeltafel . . . M. 6.90

An der See. Geogr.-geologische Betrachtungen. Von Prof. Dr. P. Dahms. Mit 61 Abb. M. 2.60

Küstenwanderungen. Biologische Ausflüge. Von Dr. V. Franz. Mit 92 Figuren . . . . M. 3.20

Geologisches Wanderbuch. Von Dir. Prof. Dr. K. G. Voit. 2 Teile. I. 2. Aufl. Mit 201 Abb. u. 1 Orientierungstafel. M. 10.— II. 2. Aufl. Mit 281 Abb. im Text, 1 Orientierungstafel u. 1 Titelbild. M. 10.80

Große Geographen. Bilder aus der Geschichte der Erdkunde. Von Prof. Dr. Felix Lampe. Mit 6 Porträts, 4 Abb. und Kartenskizzen . M. 7.—

Geographisches Wanderbuch. Von Studienrat Dr. A. Berg. 2. Aufl. Mit 212 Abb. . M. 7.—

Anleitung zu photogr. Naturaufnahmen. Von Lehr. G.E.H.Schulz. Mit 41 photogr. Aufn. M.6.40

Vegetationsschilderungen. Von Prof. Dr. P. Gräbner. Mit 40 Abbildungen . . . M. 2.60

Unsere Frühlingspflanzen. Von Prof. Dr. Fr. Höck. Mit 76 Abbildungen . . . . M. 1.60

Große Biologen. Bilder a. d. Geschichte d. Biologie. V. Prof. Dr.W. Maß. Mit 21 Bildnissen. M. 5.—

Biologisches Experimentierbuch. Anleitung, selbst. Stud. d. Lebenserscheinung. f. jugendl. Naturfreunde. V.Prof.Dr.C.Schäffer. M.100 Abb. M.6.40

Erlebte Naturgeschichte.(Schüler als Tierbeobachter.) Von Rektor C. Schmitt. 2. Aufl. Mit 35 Abb. Kart. . . . . M. 6.40

Serie B. Für jüngere Schüler und Naturfreunde.

Physikalische Plaudereien für die Jugend. Von Oberlehrer L. Wunder. Mit 15 Abbildungen. Kart. . . . . M. 2.60

Chemische Plaudereien für die Jugend. Von Oberlehrer L. Wunder. Mit 5 Abbildungen. Kart. . . . . M. 2.60

Mein Handwerkszeug. Von Prof. O. Frey. Mit 12 Abbildungen . . . . Kart. M. 2.—

Vom Tierleben in den Tropen. Von Prof. Dr. H. Guenther. Mit 7 Abbildungen. Kart. M. 1.60

Versuche mit lebenden Pflanzen. Von Dr. M. Oettli. Mit 7 Abbildungen. . . . Kart. M. 2.—

Verlag von B. G. Teubner in Leipzig und Berlin

Anfragen ist Rückporto beizufügen

MIX
Papier aus verantwortungsvollen Quellen
Paper from responsible sources
FSC® C105338

If you have any concerns about our products,
you can contact us on
ProductSafety@springernature.com

In case Publisher is established outside the EU,
the EU authorized representative is:
Springer Nature Customer Service Center GmbH
Europaplatz 3, 69115 Heidelberg, Germany

Printed by Libri Plureos GmbH
in Hamburg, Germany